U0283731

高职高专园林工程技术专业规划教材

园林设计效果表现

■ 刘华 主编

YUANLIN SHEJI XIAOGUO BIAOXIAN

中国建材工业出版社

图书在版编目(CIP)数据

园林设计效果表现 / 刘华主编. -- 北京 : 中国建材工业出版社, 2012.8
高职高专园林工程技术专业规划教材
ISBN 978-7-5160-0175-2

Ⅰ. ①园… Ⅱ. ①刘… Ⅲ. ①园林设计－高等职业教育－教材 Ⅳ. ①TU986.2

中国版本图书馆CIP数据核字(2012)第134060号

内容简介

本教材系统地阐述了从美术基础训练至手绘效果图的学习过程，在内容上力求浅显易懂，使“零起点”的学生能够基本掌握园林手绘效果图的绘制方法。本书共分四大章节，分别为素材、色彩、平面构成和色彩构成及手绘园林效果图。四个章节相互衔接，互为因果，充满了整体感和思辩性。本书内在的逻辑性十分严密，四个章节在内容上是递进的，且前三章为第四章的铺垫。这样的安排，较好地勾连了相关教学内容，使学生可以由浅入深地学习知识、增长技能。

本书可作为高职高专院校园林专业及设计相关专业教材。

本书配有课件，可登录我社网站免费下载。

园林设计效果表现
刘 华 主编

出版发行：中国建材工业出版社
地　　址：北京市西城区车公庄大街6号
邮　　编：100044
经　　销：全国各地新华书店
印　　刷：北京印刷集团有限责任公司印刷二厂
开　　本：787mm×1092mm　1/16
印　　张：9.5
字　　数：230千字
版　　次：2012年8月第1版
印　　次：2012年8月第1次
定　　价：48.00元

本社网址：www.jccbs.com.cn
本书如出现印装质量问题，由我社发行部负责调换。联系电话：（010）88386906

FOREWORD

前　言

当下，园林景观设计效果手绘图的使用越来越广泛。手绘功底扎实与否，是设计优劣的直接体现。夯实手绘功底，需要学习和训练，而学习和训练离不开观察、思考、实践。训练和观察分析离不开理论。没有理论支撑的实践容易事倍功半，甚至没有效果。当然没有实践的理论是纸上谈兵，与成事无益。现实中很多掌握效果手绘图画法的人，很少有只学习理论而不动手画的。比较多的是只顾动手画，忽视理论学习，觉得理论学习“远水救不了近火”，不管用。具体现象是只顾临摹，不注重相关理论学习，不会分析思考，摸不准方法。临摹只能知范作其然，而不能知其所以然。往往离开范作，寸步难行。有些临摹得自认为好的同学也感叹：“临临还可以，就是自己创作不行。”这种状况应该改变，要将理论学习和观察、动手都重视起来。

手绘效果图的理论牵涉到透视知识、构成知识、绘画知识、美学知识四大块。透视知识是人类对视觉现象不断探索的产物，没有透视知识，就不会了解视觉现象如何产生，是怎么回事，因此透视知识是绘画的基础。绘画离不开图面处理，离不开构图。构图知识来自两个方面，一是美术课程，二是构成课程。比如儿童学绘画时，老师从感性角度启发他们的图面构成感觉。进入高等学校后，学校开设学习绘画及设计的构成课。构成知识实际上是从理性角度解决绘画图面构图。绘画图面一般是由点、线、面、形、色彩组成的。从形式出发，它们在画面上怎样布置、能达到什么效果，是分别由平面构成和色彩构成进行理性阐述的。学习效果图绘制而不了解工具、纸张材料、基本用笔及调色方法，那是不可行的。当然明辨手绘效果图的优劣也非常重要，这就需要学习美学知识以及从他人作品中吸取营养。学习并进行作品赏析是理所当然的。客观世界到处都存在美的因素，关键是我们应该具有美的意识和发现美的眼光。

目前，很多有志于学习园林设计手绘效果表现的同学，缺乏美术基础、缺少艺术修养，但又想在较短时间内入门，并找到继续提高的门路。为了解决他们的需要，特编写了本书。本书在内容方面将诸多相关知识进行了整合，由浅入深，系统地阐述了怎样从美术基础训练开始，较为合理地过渡至手绘效果图的学习。本书编写强调针对性、实践性、可操作性，力求做到浅显易懂。本书既可作教材又可作自学、参考阅读之用。通过本书学习，辅之以实践，可以掌握一定的园林手绘技巧，并从中受益，学会思考，找到继续学习的门路，继而成为手绘高手。

在校学生参与课堂学习，必须适当利用课外时间进行学习训练，按照教学规律，本书在内容组织上从感性认识出发，以尽量少而精的内容，介绍透视及绘画构图的基本知识。随着课程进展，再进行较为深入的剖析教学，并穿插各种绘画训练。这样的处理既符合认知规律又能使课堂教学变得生动而丰富多彩。考虑到教学使用的方便及新体系表达的需要，本书对前后的内容安排作了新的考虑。讲述某一问题时往往并不一下子讲全、讲深、讲透，而是根据表达及教学需要及认知和学习规律，先讲一点，到后面一定阶段再讲一点。因此对本书内容要综合、全面、系统、辩证地去看，学习时并不意味着要将前面提及的问题完全弄懂掌握了才能过渡到后面的内容。有的读者，如果感觉到本书中有些问题没有讲全，可以参考其他相关书籍。

由于力求在尽量短的时间内通过本书学习，解决手绘效果图的入门并了解继续提高的途径。本书所建立的知识体系是高度压缩的，以够用为度，内容不求多、全，而求少、精。要更上一层楼，建议读者多看多学相关参考资料。本书不排斥其他相关书籍，反而提倡和其他书籍结合使用。“园林设计效果表现”这门课和其他课程是相辅相成的。在教学安排上，这门课程的结束并不意味着手绘效果图学习与训练的结束，而是新的学习和训练的开始。

动手训练对于掌握效果图表现的确非常重要。训练建议按读者个人的情况，按照“描、临、默写、写生、设计、创作”的顺序，循序渐进，同时适当穿插进行。“描”指将范画用透明纸（如工程制图硫酸纸）描出来，重点掌握线等的基本画法。“临”指将范画临摹出来，重在熟练线条、色彩画法以及认识构图。“默”画是将范画默写出来，在于加深印象，为脱离范画这个“拐杖”做准备。“写生”是全面训练笔法和构图，为自主绘制夯实基础。“设计”以前面的学习训练有范画和环境作依托，有不同程度的外因依靠，继续前进要逐步脱离“外因”自主动手。“设计”早期如有困难，可考虑先将范画和美景拆解、搬家、拼接成画面，再慢慢熟练。“创作”训练根据自己主见，从必然到自由，完全画自己的东西。

在训练的过程中如果进展到某后续阶段，感觉到有一定困难，可适当返回到前面的某一阶段。效果图有不同风格的表现画法，但从工作实践来看，一个设计师没有必要掌握各种画法，一个工程的设计文本更不应将各种表现画法的效果图拼凑在一起。至于具体采用什么风格，什么画法一般由设计人员来决定。在学习训练早期，尤其在“描”的阶段可以多接触一些风格类型，进展到了一定阶段就要自己摸索，专项突破。本书编写照顾到多方面需要，表现的画法、型式并不唯一，学习者到了一定阶段，需要扩大某些范画用量，那就要参考其他资料了。动手贵在坚持，持之以恒，积以时日，才见成效。尤其到了后期，自己会因感觉进展不太明显而急躁，要冷静克服。一般经过几年必大有成效。

因时间仓促，条件制约，加上水平有限，本书的不当之处在所难免，恭候斧正。在编写过程中，引用了专家学者、先行者的成果，深表谢意；十分感谢各位领导给予的关怀和支持，舍此要成书是不可想象的；当然也要感谢夫人钟婕对内容润色所作的努力。

2012年7月2日

发展出版传媒　服务经济建设

传播科技进步　满足社会需求

我们提供

图书出版、图书广告宣传、企业定制出版、团体用书、会议培训、其他深度合作等优质、高效服务。

编辑部	图书广告	出版咨询	图书销售
010-68342167	010-68361706	010-68343948	010-68001605

jccbs@hotmail.com　　www.jccbs.com.cn

（版权专有，盗版必究。未经出版者预先书面许可，不得以任何方式复制或抄袭本书的任何部分。举报电话：010-68343948）

CONTENTS

目 录

CONTENTS

第一章　素　描

第一节　素描概述

素描是绘画之母。学习素描，并用以解决绘画中一系列基本问题，包括十分重要的形和构图的问题。

素描是指用单色来描绘物体，可以在平面上表现出立体空间。所谓空间，是指物体的前后、左右和上下之间的远近距离。所谓立体，是指物体的高度、宽度和深度。素描训练，一直作为培养一个人造型能力和审美能力的重要手段。对于从事园林设计的技术人员而言，素描是必须具备的基本技能，只有通过它才能把自己的思维和创造展现在纸上。

素描可分为两大类：一是结构素描，二是明暗素描。由于结构素描更多地表现的是物体的内在结构与规律，它与之后的园林手绘效果图学习可以做较好的衔接。因此在素描的学习上强调结构素描。

一、素描分类

（一）结构素描

结构素描侧重用线条来表现物体的结构、透视空间。我们知道，世界上的一切物体都是三维状态的，即有高度、宽度和深度，是立体的。而我们的画面都是平面的、二维的，只有宽度和高度，在平面上无法表现出物体的深度。表现空间，是我们素描写生中首先面对的问题。而学习结构素描，就是帮助我们分析和理解物体的空间、结构、透视和表现形体的穿插与构成关系，将物体的结构按近大远小、近实远虚的原则用线条表现出来。这就是结构素描的表现方法（见图1-1）。

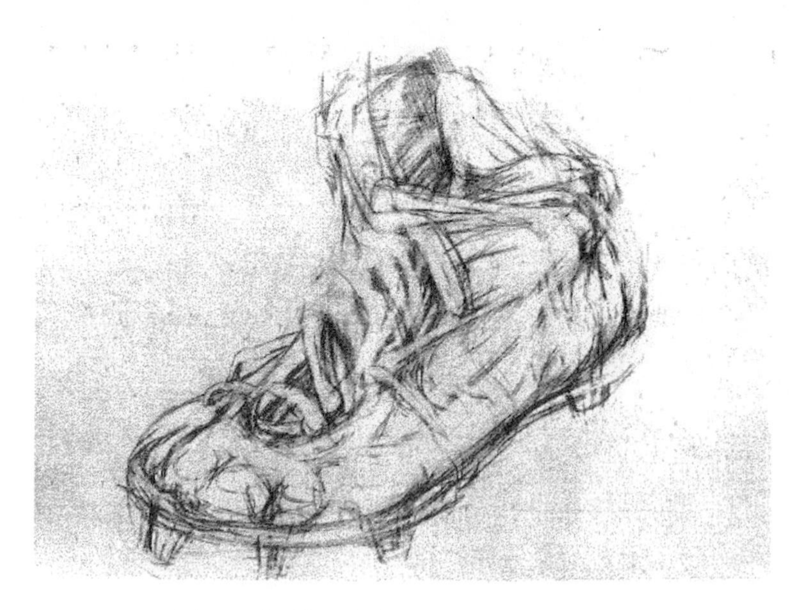

图1-1　足球鞋，尤金·巴古斯克斯 ,1962年

（二）明暗素描

明暗素描可以说是传统素描，就是以表现物体的明暗光影变化为主的一种绘画表现手法。它运用黑白层次，用类比的方法塑造物体的凹凸变化，依据对象受光面和背光面两大色调的对比，表现物象体积并通过细微的色调变化，来真实地再现物象。明暗造型是表现物体在复杂光照影响下所产生的色调变化，而并非结构本身，这是与结构素描的区别所在。

二、素描的工具和材料

笔：素描的工具与材料比较简单，初学者一般选用绘图铅笔作画，因为它容易修改，又能刻画出比较细腻、丰富的明暗色调变化等。一般绘图铅笔，H类铅笔属于硬铅，B类铅笔属于软铅，数值越高就越软、越浓，HB居中。初学者可以从HB～6B中选择几种使用。作画过程中，应根据画面的需要选择不同的绘图铅笔。一般打轮廓时可选用3B、4B。

握笔方法：画线要先学会执笔，用大拇指和食指、中指轻轻地握住铅笔，无名指和小指轻悬着。铅笔应侧斜，侧面着纸，用腕部转动。手指不能贴着笔头握，要握着铅笔的中上方。如遇画局部之处，执笔可近笔尖一点，小拇指可轻轻地撑在纸面上（见图1-2）。

纸：一般用素描纸。纸质要有韧性、耐磨并有纸纹，不能用表面太光滑、太薄的纸。素描纸有正面、反面之分。正面是颗粒较粗的一面，反面为较光滑的一面。我们建议用正面，颗粒较粗的表面更适宜表现物体的丰富层次。

橡皮：橡皮要软硬适度，这样不容易破坏纸张。一般建议用4B的绘图橡皮。除了这种橡皮，还可配合使用可塑橡皮，除了笔、纸、橡皮外，还要准备美工刀、画板、画架、胶带纸、固定纸的夹子等（见图1-3）。

图1-2　素描握笔

图1-3　素描工具

三、线条的运用

线条是一切造型艺术的基础，是构成视觉艺术形象的基本形式因素。在素描中，线条被广泛运用，它是素描最基本、最概括、最富有表现力的手段。线条在素描中能明确表现物体的形态特征和运动方向。如：用轮廓线概括物体形态特征、表现动势，用结构线分析和表现对象的内在结构。也可以用变化的线，通过线的粗、细、虚、实、强、弱、深、浅等变化，暗示形体的性质、空间位置和立体结构。

素描中的线要求有较强的绘画性。用线要生动而有变化，表现形体要到位。注意避免用光滑的装饰线把物体对象抠死、画僵。起手画轮廓时握笔要松，松到不注意时别人能把笔从手中抽走。轻轻地用复线、用直线画出物体的外形特征，避免一开始就用细线条建肯定轮廓。用复线画会产生厚度感，用线要松、虚，不要过早肯定，要经过反复比较后逐步把形画准确。

初学者练线条的基本要求是准确、肯定、有力、灵活，下笔要胆大，心态要放松，不厌其烦，反复练习。画明暗的排线应长短结合，网状交叉排线，一般以斜线为多，落笔要用力均匀，轻轻落下，轻轻收起，使线条两头轻，中间宽。切忌线条歪歪扭扭，头重脚轻，用笔疏密不均。在最后深入刻画时，层次重叠时还应注意变换线条的角度和方向（见图1-4）。

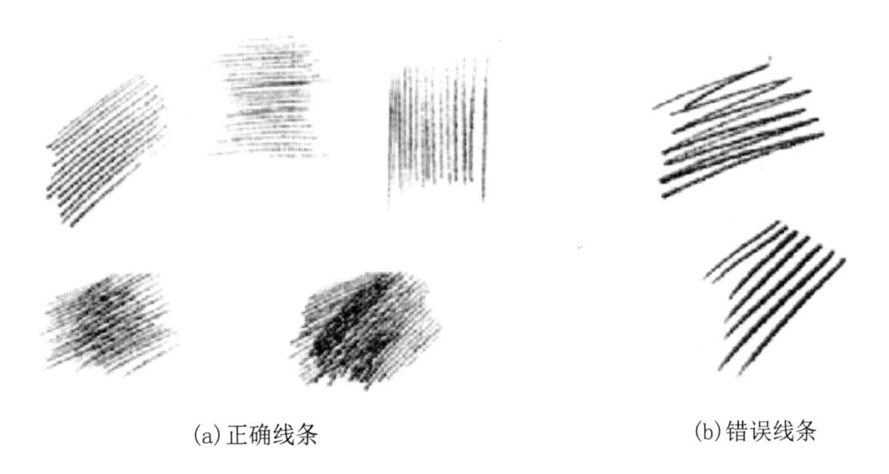

(a)正确线条　　(b)错误线条

图1-4　对错线条

四、构图

构图是绘画作品成型的关键，它不仅是作画者造型能力的体现，也是作者艺术和审美观的反映。构图原意为画面组合、构成，一般指在平面的物质空间上安排和处理审美对象的位置和关系，以表现构思中预想的形象和审美效果。构图的合理安排和处理是作者将自然形象变为艺术形象过程中的一个重要环节。

通常说，构图要求总体布局均衡，主次虚实分明。为了突出主次关系，作者可用各种手法，比如远近、大小、明暗、疏密、曲直等对比，以达到对立统一。

画面的重心与画面的知觉中心密切相关。画面的知觉中心是人们心理认定的稳定位置，它通常位于画面中心点的稍上方。图形位置接近知觉中心点，就会有稳定感。因此，我们一般构图时要把写生物放在画面偏上方位置，也就是我们常说的布局要“上紧下松”。当然还需要大小合适、构图饱满，力感均衡。构图的恰当与否，会直接影响画面的完整性。构图应该遵循以下原则：

1. 主次分明，前后疏密要有变化；
2. 中心稳定，左右均衡不对称；
3. 物体的高低大小和形状要有区别；
4. 物体间的质量感和固有色要有对比；
5. 注意形式美的规律。

艺术家们通过创作实践，归纳出多种构图形式，常见的有三角形构图、S形构图、水平线构图，在创作中可以灵活应用。例如：三角形构图中，底边为水平线的构图给人一种稳定感。而倒立的三角形就会使人产生一种紧迫不安的感觉，这在有些画面中可产生强烈的视觉艺术冲击（见图1-5）。

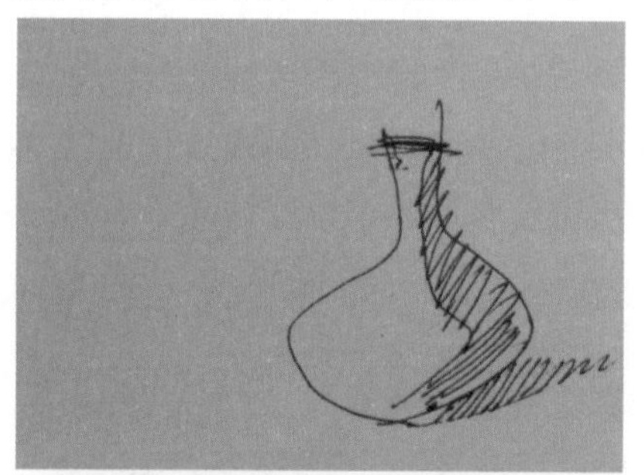

物体太偏向画面某一边，造成画面不稳定

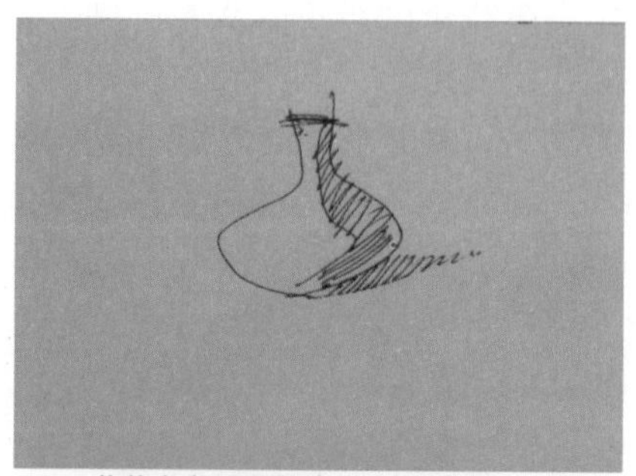

物体占有画面位置小，有空洞感

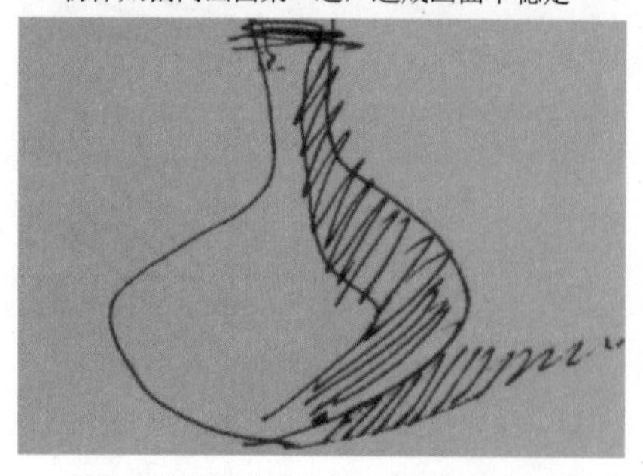

物体占有画面位置太大，有拥挤压抑之感

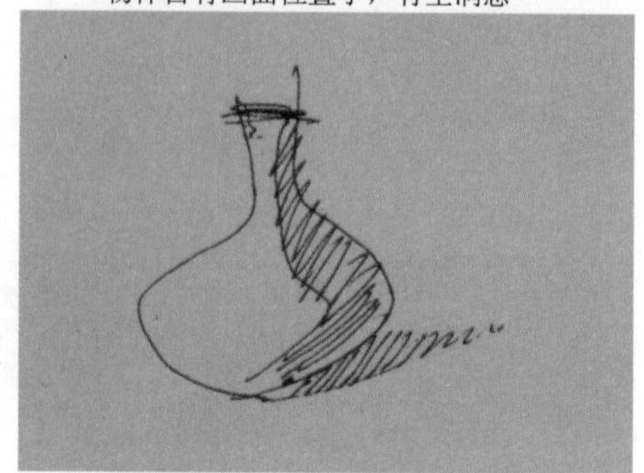

物体在画面的位置大小合适，构图相对比较完美

图1-5　画面构图

五、透视

由于透视，同样的物体处在不同的位置时，在观者眼里会出现近大远小的变化。

透视就是要研究空间中的深度如何转变为平面上的高度、宽度和斜度。这些空间里的深度变化是有一定规律的。要掌握这些变化的规律，把透视变化成的平面几何图形，想象成空间的深度，这就是最基本的空间想象能力。

我们见到的形象是从某一角度所见的视觉形象。视觉形象是经过透视增减、现形之后的形象。我们认识和描绘形象是以视觉形象为依据，为出发点的，认识和描绘视觉形象离不开透视现象的理解与表现。世界上的物体千变万化、丰富异常，但如果将这些丰富的形态进行概括，就能发现它们都是由许多几何基本形体构成的。如人的头部、四肢、躯干等可以概括为立方体、长方体；花瓶、陶罐，可概括为圆柱体、锥体等。所以研究透视规律我们应该从基本的形体入手以视点（眼睛）为准，物体由近及远呈现出由大到小、由长到短、由宽到窄的视觉变化，从而产生一些不同的形体的不同透视现象。透视的基本规律为近大远小，近窄远宽、近长远短。

按透视规律画出来的图称为透视图。形体上的直线分两种，一种与透视画面平行，一种与画面相交。在空间相互平行，画在画面上会与视平线相交的线称为变线，而不与视平线相交的线称为原线。

图1-6　透视原理

如图1-6所示，观者顺着小道向远处望去，在隐约的透视线限定下，小道急速向远方延伸，视感路面由宽变窄，路两边树木从高变矮、由疏变密、由大变小。景物由清晰变模糊，将观者视线引伸到深远处，产生画面深度距离感。

（一）名词解释

1. 画面：指画者与被画者之间假想的一块透明平面，要研究的景物透视图就在这块透明的平面上，这个平面即为透视学上的“画面”。

2. 视点：画者眼睛所在的位置。

3. 视平线：画面上与画者眼睛等高的一条水平线。

4. 主点（心点）：与画者眼睛正对着的视平线上的点。

5. 视中线：视点与主点相连的线，与视平线成直角。

6. 消失点：变线所集中消失的点。

（二）透视

最常见的透视有两种：1. 平行透视；2. 成角透视。

1. 平行透视

有一组面与画面平行的物体透视，叫平行透视。在平行透视的情况下，有些直线与水平线产生近大远小的透视变化，与画面成直角的线画出来不平行，但其延长线汇聚消失于主点（见图1-7）。

2. 成角透视

任何一面都不与画面平行的物体透视，叫成角透视。在成角透视的情况下，与地面垂直的线画在画面上仍旧平行，但有近长远短的变化。其余线与画面成一定角度，画出来不平行，其延长线汇聚于余点（见图1-8）。

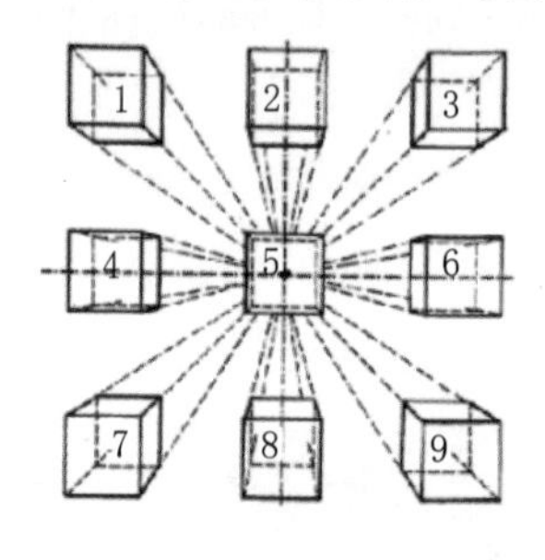

图1-7　平行透视

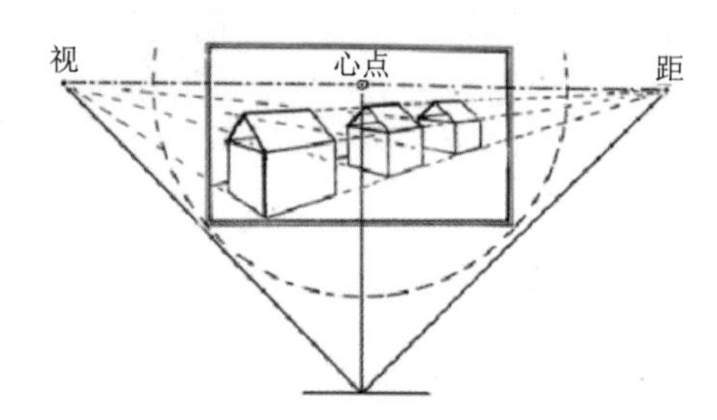

图1-8　成角透视

第二节 结构素描

一、结构素描的概述

结构素描是设计素描中基础造型训练部分。它的特点是通过对形体外部结构的观察与分析，理解物象内部结构及相互关系，并准确生动地表达对象。结构素描在写生中需要避开物体外界因素，如光线、明暗、背景等影响，把那些被遮挡住的看不见的线、面、体块表现出来，要求画者具有三维立体造型的构想能力和灵活的组织、运用形体的能力。

在具体写生中要求画者准确地掌握物象的组合形态和比例关系，用相应的透视知识把看不见的结构分析出来，并有选择地将各种结构线留在画面上，其目的是在强调对形体及空间的关系的控制能力的基础上，增强作品的表现力。表现手法上以线条为主，摆脱或削减表面明暗变化，通过线条的虚实变化来获得立体和空间效果。在画面的明暗、虚实处理上，注意画出明暗交界线和投影位置，但应尽量避免使用明暗色调。

理解透视与比例是绘画中描绘、把握物体准确性的基础。比例在绘画中，简单地说也就是物体的长、宽和高之间的关系。比例是相对而言的，没有比较就没法确定比例。对于一个单独的物体来说，它的比例主要是物体各部分尺度之间的比较。如果将几个物体组合在一起，除了单个物体各部分尺度外，还要注意某个物体与其他物体之间的尺度关系。

二、石膏几何体写生及静物写生（结构画法）

学习素描的途径，还是应遵循由浅入深、由简到繁、循序渐进的原则。从研究石膏几何体入手，以便我们理解物体的基本形、物体的体积造型规律和物体的空间透视原理。石膏几何体素描造型的一些基本规律，贯穿在其他一切复杂的形体中。这些规律可通过石膏几何体的写生练习来理解和体会。由于石膏几何体是石膏做的，无论从质地还是颜色来看，都显得单纯统一。另外石膏几何体的形体也比较概括、单纯。通过对石膏几何体的结构分析和描绘，可以认识物体的透视规律和结构组合规律及造型法则。由此，我们也能比较容易地掌握素描基本技法。

（一）方形几何体结构素描写生

方形几何体最基本的有长方体和正方体，它们结构非常单纯简洁，稍不留神失误也较容易暴露出来。首先，要分析方形几何体的透视规律，用水平线、垂直线去确定斜线的角度（斜度）。物体的宽度、高度、深度可通过透视原理转成平面上不同的平面几何形。只有画准了这些平面几何形，才能准确地反映方形几何体在空间中的状态（见图1-9）。

六棱柱也可以理解为由长方体切割而来。其上下底面是六边形，垂直面是六块大小相同的长方形。要注意分析六边形的六条边的透视变化和六块长方形的对应边的变化关系（见图1-10）。

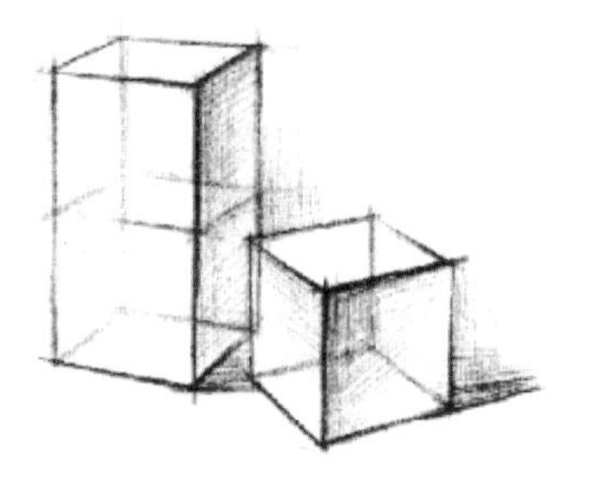

图1-9　方形几何体

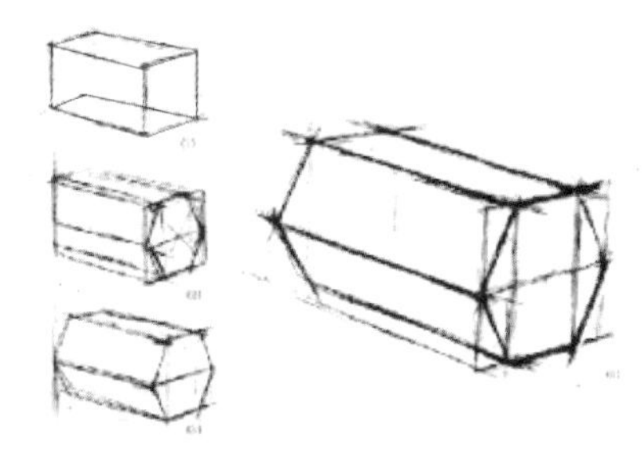

图1-10　六棱柱

（二）圆柱体结构素描写生

圆柱体可从长方体去理解、分析。圆是可以切在正方形里的，所以我们把握圆柱体就容易了。要注意的是圆面的透视变化（见图1-11）。横倒的圆柱体，圆面处于竖直状态。

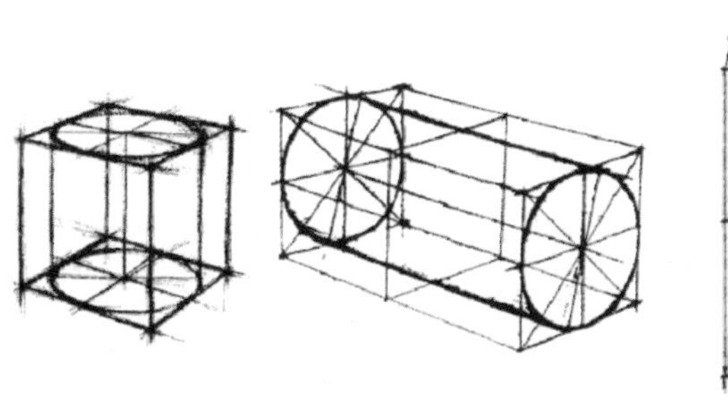

图1-11　圆柱体

（三）几何体结构素描的作画步骤（见图1-12）

步骤一：定位构图，量出物体的比例，用长线画出几何体的基本形及物体的大体位置

步骤二：画出几何体的结构、透视和穿插关系

步骤三：整体刻画几何体的形体结构，调整线条的粗细浓淡，加强画面的空间关系

步骤四：找到明暗交界线和投影位置，画出几何体的大致明暗，对线条的粗、细、浓、淡、虚、实关系加以整体地调整

图1-12　几何体结构素描的作画步骤

1. 定位构图：用整体观察的方法来观察物体的形状特征及大小比例关系。根据构图需要，确定物体在画面中的位置，注意上紧下松、均衡饱满。同时，还要注意物体的高、宽以及各部分的比例。

2. 大体轮廓：用淡淡的长直线画出物体的基本形体。有对称特征的物体，需要画出中心轴线。注意要整体地画，用直线来画。

3. 形体的结构关系：从物体的立体空间出发，画出各部位的结构、透视和穿插关系。

4. 整体处理：加强整体的对比效果。强调线条的轻重、粗细与变化，使画面更丰富，更有立体感、空间感。

（四）静物写生（结构画法）

静物的结构素描画法和几何体结构画法基本相同，只不过是静物的形体组合关系比较复杂，内在结构由于表层因素的遮盖而不太明显。这更能训练我们对物体的理解分析能力和准确的观察能力。我们应该学会把物体的表象揭开，深入到物体的结构中去，研究其内部构造。如果想描绘结构，就要会发现结构、理解结构，能够使眼睛透过表象看到物体中的骨架与构成。

画静物结构素描，首先要分析它的构造关系，舍去一些琐碎的环节，将主次关系搞清楚，紧紧抓住其起主导作用的体积特点和关键立体构成关系，任何复杂的物体，都可理解为由各种不同的几何形体衔接组合而成的。两个以上的几何形相连必然有一种链接关系，也叫穿插关系。

面对一组静物，千万不要被物体的表面光影和色彩所迷惑，虽然我们看不到它们的内部构造，但我们可以有意识地去想象后面看不见的部分，去找到起着主要支撑作用的线和框架，这种观察方法具有一定的创造性和主动性，这就是描绘物体结构的前提。只有正确地观察之后才能正确地感受和描绘。

静物结构素描的步骤与几何结构素描的步骤大体相同，只是静物形体较复杂，结构更不是一目了然的，需要画时多动脑子、多观察。下面是一只装着颜料的纸箱，可以理解成长方体，再根据成角透视的原理，画出它的透视现象。颜料瓶则可以看成圆柱体，根据圆面透视规律，画出它的透视现象。作画步骤见图1-13。

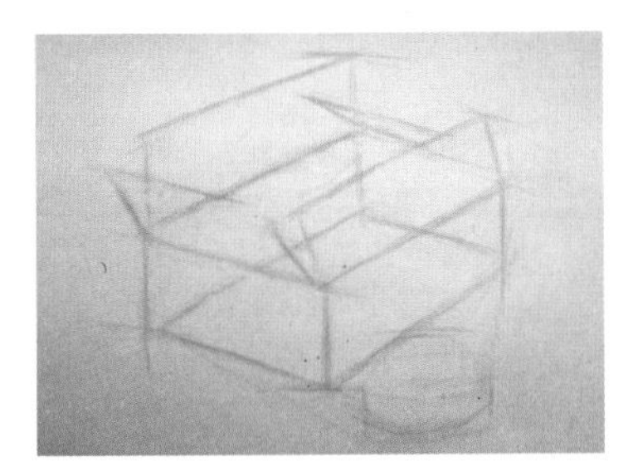

步骤一：把物体合适地放在画面中，借助水平、竖直的辅助线先画出基本形，并找出各部分的透视关系。把纸箱理解成一个长方体，把颜料盒理解成圆柱体

步骤二：正确地画出形体的比例、透视，各部位的穿插关系、结构关系、空间关系。要不断进行比较。

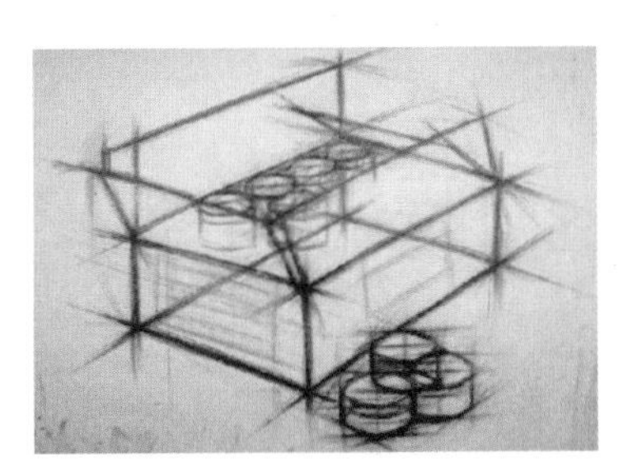

步骤三：进一步刻画，调整各个关系使之更有体积感

步骤四：找出明暗交界线，分出物体的大体明暗，调整线条的粗细轻重，使之更有空间感

图1-13 静物结构素描的作画步骤

第三节 风景速写

速写是对敏锐观察力和艺术概括能力的培养，也是对形象的理解和记忆力能力的训练。速写是用简练、概括的线条在较短的时间里，用较快的速度记录生活中物象的一种素描写生方式，是绘画基础训练的重要内容。

在大自然中进行风景写生，是培养追求自然美的一种方式。面对美好的大自然景象，要善于合理地取舍，把美的东西安排在画面的主要位置上，舍去不协调不美观的东西，根据构图形式法则安排在画面上。

设计师常常需要快速地记录下突发灵感的设想，速写和徒手画能力是一名设计师最重要的基本技能，是设计师表现创作构思、推敲创作方案的表现手段。设计师要想快速、准确地将设计构思传达给人们，如果没有熟练的速写能力，是很难表达自己的设计意图的。速写能力的高低体现了一个设计师最基本的素质。那怎样才能画好速写呢？办法是多画多练多写生。

图1-14～图1-21是几张速写素描，我们一起来欣赏一下。

图1-14　偶得一景

（注：从该角度入手很入画。听当地人说，20年前，这是两家共用一头牛的牛棚，周围早已盖满新舍，唯此不舍拆除，于是舍去其他新楼，记录该景。）

图1-15　凉亭

（注：本图中的垂竹很重要。有选择性地画一点，使该景更加完善。注意垂悬物，要根据画面远景轮廓线的高低来定。一般补凹不补凸。）

图1-16　植物各态

（注：本图中近处植物各形态，一定要仔细刻画，叶子的朝向形态要画准确。）

图1-17 入园小径

（注：画时应注意处理好近、中、远植物的调子关系。即使是两棵并排的树干，也要有变化，切忌雷同。）

图1-18 生态园写生

（注：坐在长廊中往外看，仔细刻画中式亭阁。受光面和背光面要画到位，从而使左亭显得偏重。右边的树干是后来加上的，刻意画了些重色调的树冠暗部和树干，以求达到均衡。）

图1-19 雪中的景，有助于留白、虚实处理

图1-20　长廊
（注：本图为某风景区的长廊，前后大小亭处理手法上注意变化。）

图1-21　一处小水景
（注：本图处水景，与远处的山脉交相辉映。近景画实，远处山峦画虚。园林灯也要按透视原理来画，天空中点缀些飞鸟，使画面显得更加生动些。）

第四节 作品欣赏

植物

图1-22　圆柱形的植物，马克·斯特兰德，1958年
（注：注意画面构图和远近虚实处理）

图1-23　低垂的花形，桑德拉·惠普尔，1961年
（注：注意画面放松处理。）

图1-24　花：空间和间隙，乔尔·萨斯，1957年
（注：以空作实，以白计黑，以少胜多。）

图1-25　交错的花形，瓦伊诺·科拉，1962年
（注：注意体积感、稳重感、均衡感。）

鞋子

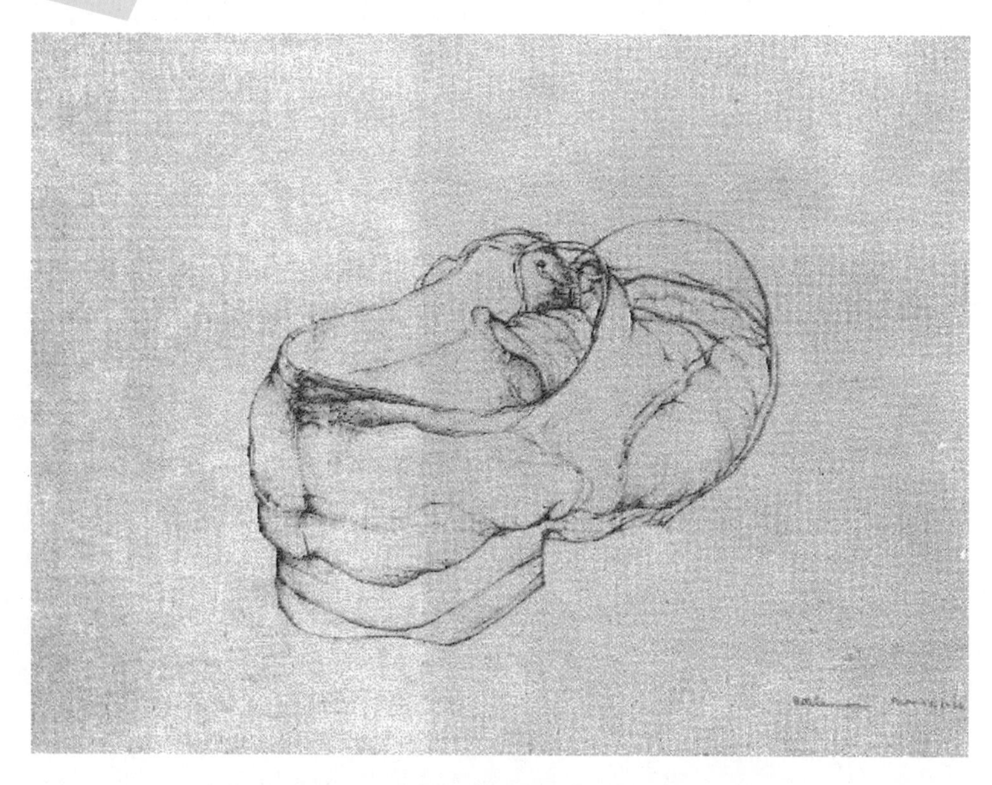

图1-26　懒洋洋的鞋子，阿莫德·比特尔曼，1955年
（注：情感的流露）

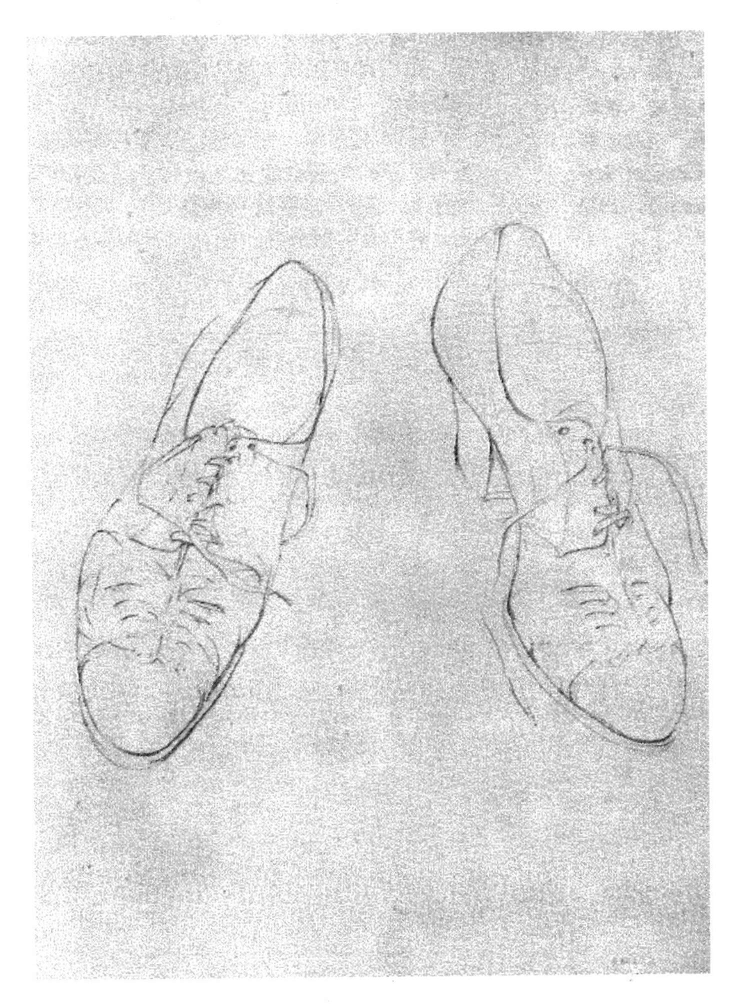

图1-27　鞋子：性格的表现，威廉·李特，1953年
（注：以静物传达人物性格）

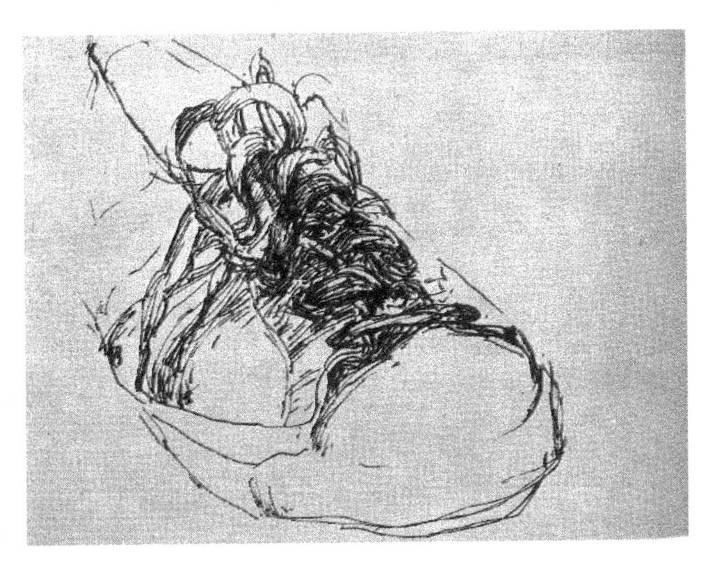

图1-28　膨胀的旅行鞋，匿名，年代不详
（注：注意虚实、详略、取舍）

其他

图1-29　疣猪的头像，埃尔顿·鲁滨逊，1956年
（注：准确、有力、肯定、老练的线条）

第二章 色 彩

第一节 色彩基础知识

色彩是绘画表现的强大手段。为了学习和掌握使用、处理色彩，在进行色彩写生训练之前必须学习和了解一些色彩的基础知识。

一、色彩三要素

（一）色相

指色彩的相貌，是区别这一色彩与另一色彩的关键点。一般以色彩名称表达，如：红、橙、黄、绿、蓝、紫、黑、白、灰等等。

（二）明度

指色彩的明暗程度。明度有两种情况需要说明：一是色彩本身的明暗程度。如黄色、橙色、绿色、湖蓝等色彩比较明亮；群青、普蓝、紫色、黑色等色彩比较暗。二是色彩加入了暗的或亮的色彩，使原有的明暗程度产生变化。如：浅黄、浅红、浅蓝、深黄、深红、深蓝等色彩，这与色彩的纯度有关系。

（三）纯度

指色彩的纯净的程度，也称彩度或饱和度。色彩纯度是指在某种色彩中是否含有黑色、白色、灰色或其他色彩。如：红、黄、蓝纯度最高，其他色彩纯度较低。颜色混合的种类越多，其纯度越低。

二、色彩的现象与规律

（一）光源色

指光源自身的色彩倾向。由于光源的色彩不同，光线的冷暖也相应有所区别。如：阳光、日光灯的光线偏冷，白炽灯的光线偏暖。不同的光源使我们对描绘的对象产生冷暖不同的色彩感觉，使物体的色彩也发生变化。

（二）固有色

指物体被光色反射出来的色彩。科学地讲，物体的色彩是由于光的作用而被我们看到的。我们知道太阳光是由赤、橙、黄、绿、青、蓝、紫这些单色光所合成的。当光线照到物体上时，一部分色光被吸收，另一部分色光被反射出来。这反射出来的色光，就是我们看到的物体色。客观物体都要受到不同环境和各种强弱不同的光线影响，呈现出差别不一的色彩。这就需要我们在实践中根据物体所处的环境和光线进行具体观察、分析，才能准确地观察到物体在特定环境中的色彩（见图2-1）。

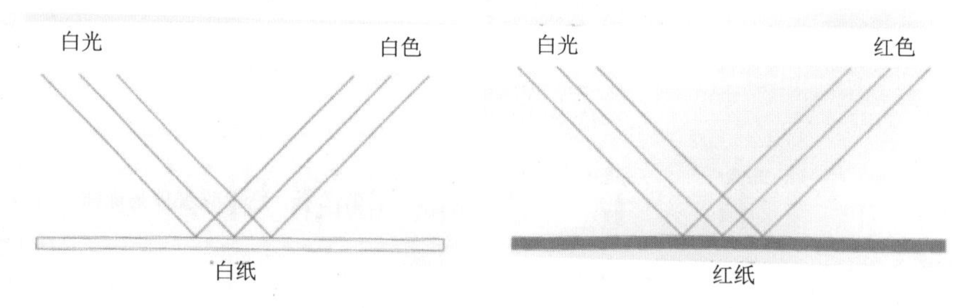

图2-1　白光照射白纸和红纸
（注：白光照射下，纸张反射的色光不同，呈现的色彩就不一样。）

（三）环境色

当物体处在光照环境中，物与物之间相互影响所呈现的色彩，称为环境色。在自然界中，任何物体都不是孤立存在的，物体的色彩时时都要受到光线与环境、物体之间的影响。特别是在物体的暗部，反光部分比较明显。在确定物体的色彩时，眼睛不能盯在一个地方，要整体、全面、相互对比地观察。环境色是色彩写生训练中的重要因素。一幅色彩写生作品的好坏，很大程度上要看作者对环境色的把握是不是到位。如果把握不当，画面的色彩关系就会混乱。因此，在色彩写生训练中，环境色是需要着重研究的重要一环。正确地认识、把握和运用环境色，关系到色彩写生进程和成败（见图2-2和图2-3）。

图2-2　草垛，[法]莫奈，1891年
（注：注意环境色的影响。）

图2-3　海螺壳，[西班牙]马丁内斯，1890年
（注：不同色彩的物体相互影响。）

（四）色彩对比

对比是两种以上色彩的关系比较。人观察任何事物，都是在比较和对比中进行的。如：黑白、大小、远近、强弱等都是相对的因素。在写生中如何准确确定色彩，对比就是重要的方法之一。

1. 色相对比

色相对比是一种比较单纯的对比。只有首先通过色相对比才能把握物体准确的色彩，下一步才能分析物体的明暗与鲜亮程度（见图2-4）。

(a)基本原理

(b)作品示例
黄陶罐，［法］贝克，1905年

图2-4　色相对比

2. 明度对比

明度对比是最强烈的一种对比，它比任何对比都要明显。自然中的白天与黑夜，就是相反的两极对比。在面对描绘对象时，明暗对比因受光线强弱的影响，在黑白两者之间，存在着无数的明灰与暗灰色调，这些灰度对比使明暗因素复杂化。正是因为这些复杂因素使我们的画面丰富多彩（见图2-5）。

(a)基本原理

(b)作品示例
牛头骨，［西班牙］毕加索，1942年

图2-5　明度对比

3. 纯度对比

纯度对比是色彩的鲜、浊对比关系。指原浓度的纯色与含有黑、白、灰或其他色彩的浊色的对比。通过纯度对比，使画面的色彩更加明亮、鲜艳（见图2-6）。

图2-6　纯度对比

4. 补色对比

在色环上相对称的就是补色。如：红—绿、黄—紫、蓝—橙等。当补色同时出现在画面中就是补色对比，这时的画面最具动感，最能表现出鲜明的效果。但两色如果相混，就会互相抵消，变成灰色或者是黑浊色（见图2-7）。

图2-7　补色对比

5. 冷暖对比

当受到外界气温影响时，人会有冷暖的感觉。在视觉上，色彩也会给人温度的感觉。在色相环上，以黄色和紫色连成一线。一边是红、橙、黄等暖色系，另一边是青绿、蓝、紫等冷色系，它们之间的对比关系，就是冷暖对比关系。冷暖对比关系有时也具有补色对比的因素，尤其是对立色彩的明度、纯度相等时，更容易产生与补色对比相同的视觉效果（见图2-8）。

图2-8　冷暖对比

6. 面积对比

面积对比是指各种色彩所占的面积比例，也就是色块大小的问题。这在我们构图时是首先要解决和确定的，它比选择什么样的色彩来进行描绘更重要（见图2-9）。

图2-9 面积对比

第二节 色彩造型

色彩造型能力是指用色彩在画面上创造形象的能力。要掌握造型能力，就要在写生实践中学会正确的观察方法，把形与色的造型意识逐步转化成一种运用自如的本领。使我们的眼、心、手形成下意识的主动行为，这样你才能看到什么景物就能表现出具有艺术性的画面；想描绘什么景物就能体现色彩的美妙关系。面对自然景物写生是我们掌握色彩造型的重要手段。

本节以静物写生为重点，通过两组课题的训练，使大家从中体会出色彩造型的基本原则和基本规律，掌握色彩造型的基本技能。

一、观察方法

初学绘画者，经常出现的问题就是从局部进行描绘。这是儿童绘画的观察思维方式。在写生训练时，若不能及时转变儿童画平面涂抹、散点描绘的单纯思想，追求某些局部的华丽色彩，就破坏了画面整体的色调。只注意素描关系而忘记了色彩关系，或者只注意色彩关系而忘记了素描关系，都是源于缺少正确的观察方法。

图2-10 睡莲，［法］莫奈，年代不详

正确的观察方法就是整体观察。如图2-10所示，在描绘景物时，应首先抓住景物的整体色彩关系、景物的色调特征。然后要观察各个色块的组成关系，就是我们常讲的“色彩关系”。色彩关系指的是各景物色彩之间的明暗组合关系、冷暖关系、各种对比关系和色彩与光源的关系。最后将观察到的这些内容表现在画面上。但初学者虽然也观察到了，可表现在画面上还是零乱琐碎，画的与想的相差千里。要熟练地掌握与运用色彩造型这一手段，需要我们把理论和实践结合起来，进行大量的写生练习，以量的积累求质的飞跃。

二、训练手段

学习色彩造型，要脑手并用。动手首选水粉画。

水粉画技法

（一）工具、纸、颜料

1. 纸

水粉画的用纸，有水粉纸（见图2-11）、水彩纸、素描纸、有色纸和白卡纸。各种纸的质地不同，吸水程度不同，体现的效果也不一样。我们都可以进行尝试，选择自己最喜欢的一种进行练习使用。

2. 颜料

水粉（见图2-12）是由矿物粉和胶混合而成的。因含粉量多，不透明，故覆盖性强。

图2-11　水粉纸

图2-12　颜料

3. 画笔

常用的笔有水粉画笔、水彩笔、油画笔、国画笔等。因个人爱好不一，可选软硬适合的画笔作画（见图2-13）。

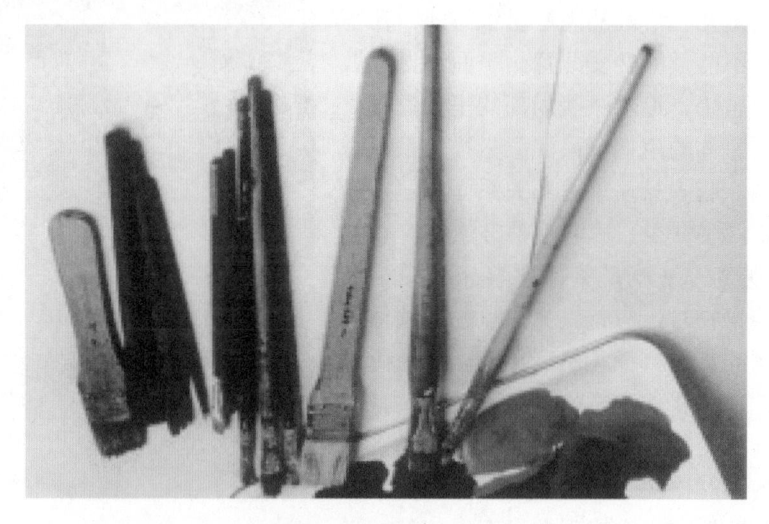

图2-13　画笔

（二）表现技法

1. 干画法

干画法是水粉画的主要技法。这种方法颜色含水较少，同油画技法的特点相同，可多次覆盖、塑造形体。很适合初学者进行色彩写生基础训练（见图2-14）。

2. 湿画法

这种画法颜料中含水较多，笔触之间要趁湿衔接，笔触比较柔和、含蓄、湿润（见图2-15）。

图2-14 干画法水粉画

图2-15 湿画法水粉画

（三）笔法

1. 摆

根据形体结构的块面，一笔一笔地将颜色摆到画中的形体上，形成厚重的塑造效果（见图2-16）。

2. 刷

在面积较大的地方，适合用刷的笔法，这种方法整体感强（见图2-17）。

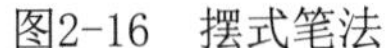

图2-16 摆式笔法

图2-17 刷式笔法

3. 点

用笔尖在画面上点出大小不同的点，此法多用于高光和树叶等（见图2-18）。

4. 线

用笔画出长短、粗细不同的线，来表现物体细小的结构（见图2-19）。

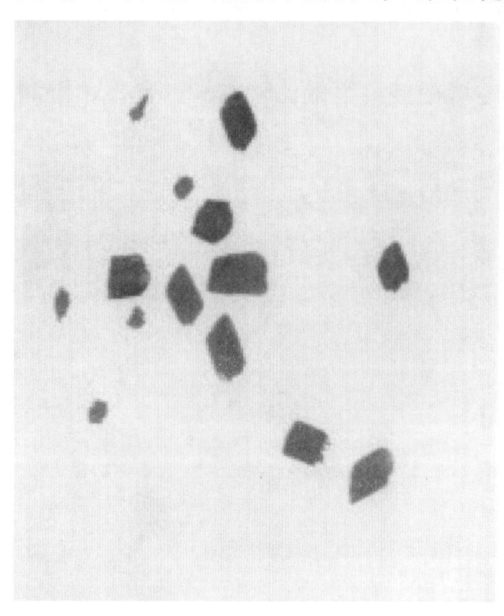

图2-18 点式笔法

图2-19 线式笔法

5. 拖

将笔按下，拖出较长的笔触。常用于描绘树枝、头发等长条状的形体（见图2-20）。

6. 扫

用较干的松散笔锋，较轻地扫出蓬松、虚化的笔触（见图2-21）。

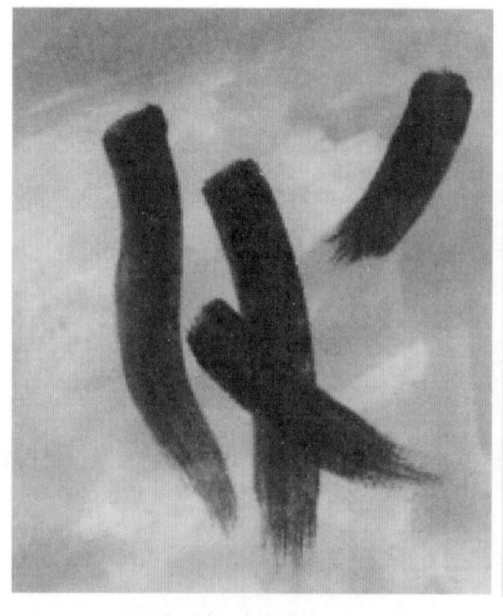

图2-20 拖式笔法

图2-21 扫式笔法

7. 刮

用硬物（调色刀、笔杆等）刮出坚硬的线，适合在深色上刮出较淡的线（见图2-22）。

8. 擦

用干笔、手指、布等擦出虚实变化，多在调整画面关系时使用（见图2-23）。

图2-22 刮式笔法

图2-23 擦式笔法

（四）写生中常出现的问题

1. 脏

颜色混合种类太多，色彩关系不准确，某一局部反复涂改太多而造成画面脏的感觉（见图2-24）。

2. 灰

是由色相不明确、冷暖关系模糊不清所造成的（见图2-25）。

图2-24 “脏”的画面

图2-25 “灰”的画面

3. 花

画面上笔触琐碎，环境色混乱，过多使用相同对比的色彩（见图2-26）。

4．生

颜色调和不匀，直接使用原色作画，产生生硬、板滞的感觉（见图2-27）。

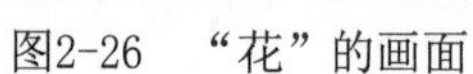

图2-26　“花”的画面

图2-27　“生”的画面

5．粉

画面中到处加白色，使色彩纯度降低，画面缺少鲜明的色彩对比和透明感（见图2-28）。

6．焦

因使用赭石、橘黄、黑类的色彩较多，笔触过干，笔法粗糙，而造成像烧焦的感觉（见图2-29）。

图2-28　“粉”的画面

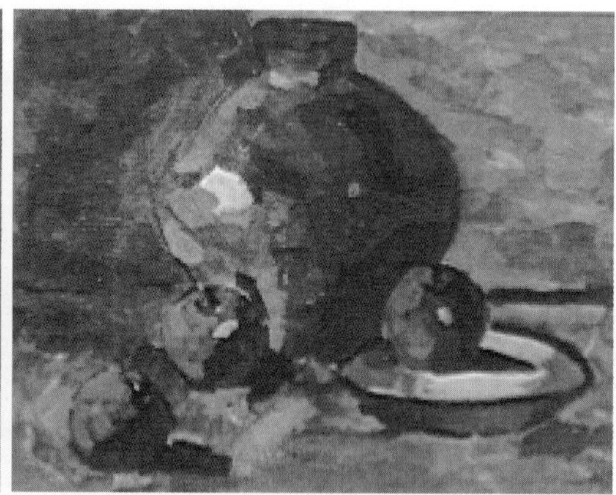

图2-29　“焦”的画面

三、静物写生训练

（一）准备

1. 内容：色彩静物写生。

2. 工具：水粉色彩、水粉纸（尺寸四开大小）等。

3. 进度：4课时完成8幅作业，平时训练多多益善。

4. 目的要求：

（1）培养正确的观察方法。

（2）掌握色彩造型的技能。

（3）提高色彩艺术修养。

5. 难点重点：

（1）形与色的结合。

（2）色彩基础知识与实践的结合。

（3）变描摹自然为表现自然（见图2-30）。

图2-30 色彩静物写生示例

（二）步骤

1. 构图与起稿

构图选择角度，要从静物的几个方向观看，选择一个比较完整的角度构图，一定要使视觉舒服。用铅笔或炭条把物体位置安排得当，在画面的上、下、左、右要留有一定空白边缘，防止过于拥挤，也不要画得太小显得空荡。认真观察静物，确定形体轮廓、比例、结构、透视等关系。先用单色画出静物的素描关系，随后进一步完善物体的形体关系，见图2-31(a)、(b)。

图2-31(a)、(b)要注意：

（1）这一阶段不必画得太复杂，层次和细节要概括。

（2）要用稀释后的颜色起稿，不要太浓太厚。

2. 着色与塑造

认真观察物体的整体色调及色彩关系，调动对美妙色彩的情绪，树立观察物体的第一感受。从暗部和着重色开始铺大色块，注意要把不同明度的色彩进行对比，确定不同物体上的色相。在铺亮部色块时，应把重点放在色彩关系上，要根据光源色和环境色捕捉各个物体亮部的色彩。这一阶段要敏锐、快速、要相信自己的感觉。塑造形体要注意用笔，不要平涂，要根据物体结构用笔，见图2-31(c)、(d)。

图2-31(c)、(d)要注意：

（1）铺色不要反复，次数过多易出现脏、乱、灰等毛病。

（2）不要求细节的描绘，要求大色块基本准确。

（3）重视深入、调整与完成。

3，深入调整与完成

色彩关系可从主体着手，对素描关系、色彩关系进行深入的、准确的描绘，竭尽全力使物体的形体结构、质感、空间感得到充分的表现。用笔要准确简练，色彩要丰富，冷暖关系要明确。深入刻画完成后，还要对画面进行整体调整，因为在深入过程中往往易出现局部与整体不协调的现象。如：用笔过于琐碎，画面空间层次不清楚等等，见图2-31(e)、(f)。

图2-31(e)、(f)要注意：

（1）亮部深入刻画，颜色可厚些、干一些。

（2）深入刻画时，要时刻注意在大的整体关系中进行，不能只管深入，不注意它是否能在这个画面中存在。

（3）用笔要灵活，不要有程式化、概念化的思想。要根据不同形体结构、前后空间关系主次分明地进行塑造。

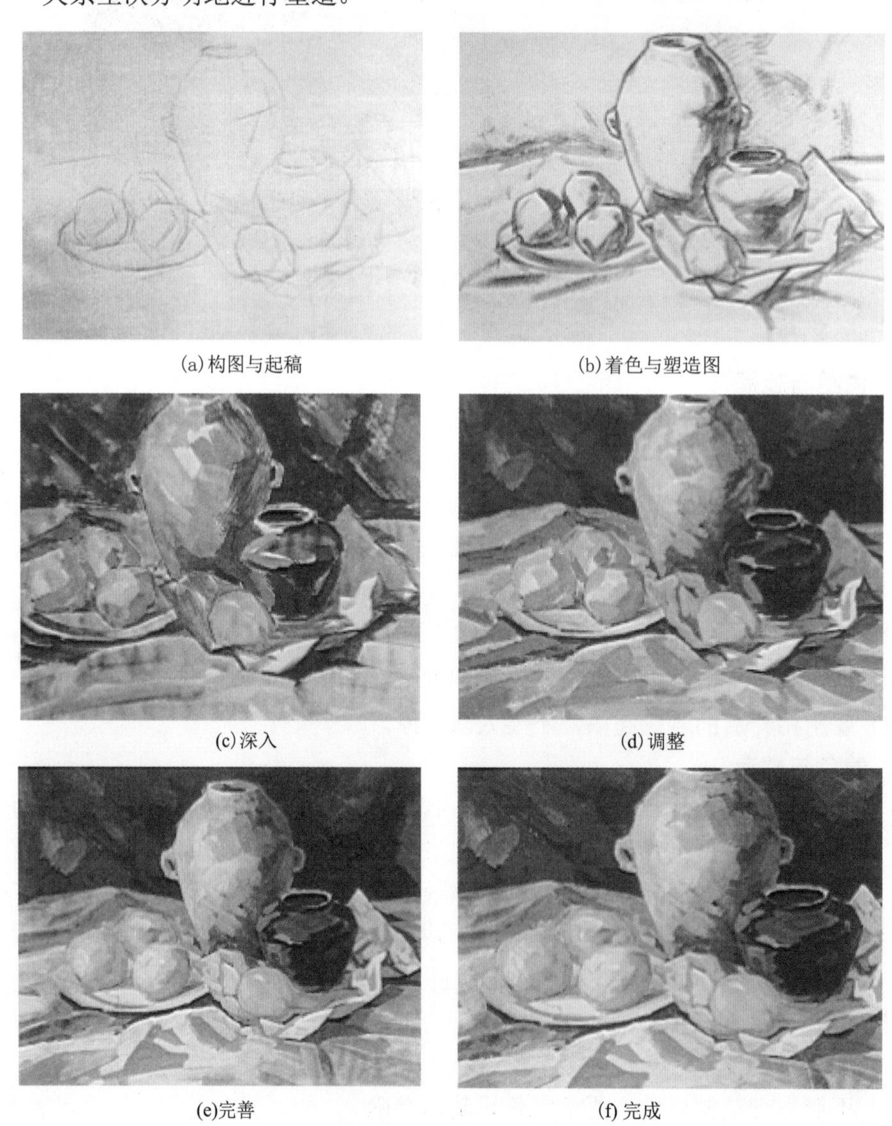

(a)构图与起稿　(b)着色与塑造图

(c)深入　(d)调整

(e)完善　(f)完成

图2-31 色彩静物写生步骤

图2-31是色彩景物写生的方法步骤。要强调的是：一定要认真仔细地观察所描绘的物体，做到成竹在胸、意在笔先。既要重视把理论知识运用到写生中去，又要重视在大量的写生训练中加深对理论的理解。如此持之以恒，才有大成效。

四、风景写生训练

风景写生是掌握色彩造型能力的又一重要方法。风景写生与静物写生既有相同点，又有不同之处。相比之下，户外风景写生比室内写生难度要大。首先，静物包括照射光线和环境设置是我们根据构图原理精心组合而成的。而风景是自然景色，光线变化快，色彩没有秩序，比室内静物复杂。在写生时需要我们通过观察选择取景，高度概括，有取舍地进行描绘。但是，自然景色的不确定性，它能使我们的主观意识积极地调动起来，使我们有更多的选择和表现的可能。风景写生以室内静物写生为基础，当然经过风景写生训练之后，对室内写生会有很大的促进和提高。

（一）准备

1. 内容：色彩风景写生。

2. 工具：水粉颜料、水粉纸（根据景物、时间而定）。

3. 进度：4课时完成一幅。平时训练多多益善。

4. 目的要求：

（1）培养敏感性、判断力、选择性、思考力、追忆力等综合能力。

（2）培养营造画面的能力。

（3）提高色彩审美趣味。

（二）色彩风景写生步骤

1. 取景、构图

能否选一个好的景色是风景写生成败的首要问题。景色的选取可以是全景、中景或近景，以全景为多。但首先选取的是风景的色调，因为色调最能吸引观赏者。要选择单纯一些的场景，这样容易控制画面，作品成功的可能性较大。构图时，要注意远、中、近景的层次安排。在这个问题上，画风景初学者，会因层次不清，画面混乱而影响了学习情绪，应注意调整、克服。起稿可用铅笔、炭条直接用单色将景物勾出。细节不要过多，透视、比例、位置、素描关系要准确，景色主体要突出，次要的、琐碎的景物可省略掉，见图2-32(a)。

图2-32(a)要注意：

（1）要强调形式感。

（2）构图要有创意。

2. 着色、塑造

着色一般是先从远景开始，到中景再画近景。或者是先画画面中的主体。两种方法都可尝试，可根据个人喜好而定。初次画风景，还是从暗部开始铺大色块。暗部的颜色要稀薄一些；亮部、近景可厚一些。要认真观察、分析景物的色调及色彩关系，要准确捕捉景物的冷暖变化。要非常认真地去调配颜色，特别是中间色。调配出的色彩一定要准确并符合我们的感觉。在塑造时要注意不是什么细节都是需要的。印象派大师莫奈讲过："绘画中要洗练和简明，这不仅是一种需要，而且也是一种好的趣味。简练的人会促使你的思考；而喋喋不休的人只会激怒你……要锻炼你的记忆力，因为大自然除了给你一些提示外，是不会给你现成的东西的。"可见，提炼概括是描绘过程中的重要环节，见图2-32(b)。

图2-32(b)要注意：

（1）暗颜色铺色时不要加白。

（2）铺色要迅速、敏感。犹豫不决会导致色彩混乱。

（3）塑造用笔要灵活，不要太机械。

（4）暗部、阴影色彩要有变化，前后不要雷同。

3．深入、整理、完成

开始深入刻画细部，每个局部的颜色都要在整体观察的前提下确立。要注意画面色调整体气氛的把握。刻画局部的颜色不能脱离大的色调，要有意识地强化画面的色调。造型上疏密关系要有变化；色彩冷暖关系要明确。要讲究用笔的流畅与厚重笔触的穿插，颜色要有干湿、厚薄的变化，画面色彩要丰富感人。调整看画面的空间感、色彩关系、形体结构、质感、量感是否正确。要回到最初对景色的感受，要强化这种感受，省略琐碎的细节，营造画面的节奏感，直到对画面满意为止，见图2-32(c)。

图2-32(c)要注意：

（1）深入时不要将下面的颜色返上来。颜色要厚一些、干一些。

（2）注意整理色彩的冷暖关系。

（3）大色块要明确。

（4）整理要抓主要矛盾。

(a)取景构图

(b)着色塑造

(c)深入整理完善

图2-32　色彩风景写生步骤

风景写生是训练初学者思维、视觉和动手方面的综合能力。这在其他写生中是难以全面做到的。风景写生是在短时间内完成的。它是由感而发的即兴方式，可产生生动闪光的画面效果。对于初学写生的人来说，应该先有法，掌握了基本语言之后，在有感而发的基础上再求变化。

第三节 作品欣赏

图2-33 查尔德·汉斯作品之一，1890年，27in.×21$^{1/2}$in.

（注：此图中大色块在天空、建筑、地面，在大色块中有亮色与暗色的对比关系，然后还有人物、树、灯杆等小色块的点缀，从而形成整体大色块与局部小色块的变化统一关系。）

图2-34 查尔德·汉斯作品之二，1890年，14in.×10$^{3/4}$in.

(注：画要靠多画多练，熟能生巧。调色既要色彩明确，又不可太鲜艳，重在对灰度的把握。灰色要有一定的倾向性，如灰红、灰绿、灰黄、灰蓝。如果再细分，就是上述每一种灰里还会有很多深浅和纯度的微妙变化。一幅画是否深沉浑厚、色彩明丽，取决于灰色层次的多少。一幅画采用许多漂亮的灰色组合，可达到刚柔相济、粗中有细、浑然一体的效果。)

图2-35　查尔德·汉斯作品之三，24in. ×20 in.

（注：以色造型，要体现光感、量感、质感、动感、空间感和整体感。）

图2-36　查尔德·汉斯作品之四，1900年，$22^{1/4}$in. ×18in.

（注：能够唤起美感的好构图，与画面构成是紧密相关的。既要有对比变化，又要和谐统一。呆板、平均、完全对称又无对比关系的画面，令人感到乏味沉闷。在画面上有疏密、聚散的对比，有内在的结合，有非等量的面积和形状的左右平衡的构成形式，生动而多变，变化而统一，就可展现画面构图特有的意味。）

图2-37　查尔德·汉斯作品之五，26in. ×25in.

（注：风景画主要表现户外景观，画者正确感受光与色的性质，准确认识自然界的光色与颜料中的色彩十分重要。自然界中不同时间色彩倾向是不同的，如阳光早晨呈微黄、中午呈淡黄、傍晚呈金黄。如一棵树，它绿中带黄或带蓝，呈冷调或暖调的色相。如景中同时有多样树，有近处树、中景树、远景树，其表现就各不相同。各绿树若分别处于邻近物不同色的包围之中，由于环境色的影响，表现又不同。只有经过反复练习，才能提高对色彩的视觉敏感性，达到把眼中所见之景变为心中所感之景，进而成为手下所现之景。）

图2-38　查尔德·汉斯作品之六，1917年，$36^{1/2}$in. ×$30^{1/4}$in.

（注：以色造型，重在表现光感。光的强弱决定物体本身明暗对比的反差度，同时体现色彩的冷暖关系。好的作品使人感到形和色的完美结合。）

图2-39 查尔德·汉斯作品之七，1891年，$19^{3/4}$in.×12in.

(注：自然界景物呈现的色彩以“绿”为多。受光的影响，“绿”变化微妙，在春天呈淡黄，秋天呈深黄、土黄，夏天则呈苍翠。黄与蓝互映，有“绿”的感觉，若亮部用灰蓝、暗部用土黄，则即使没有用“绿”色也会呈“绿”感。因环境不同，“绿”的呈现也有区别。如河边草地呈水淋淋的淡绿，路旁的草地则是干巴巴的绿色。绿色一般不能直接上画，只能与其他颜料调和使用，一般可调入少许黑色使其显得稳重，但易显冷漠；若渗入白色，则还必须加入其他色相，否则将是苍白的绿。)

图2-40 查尔德·汉斯作品之八，1890年，$18^{1/8}$in.×$22^{1/8}$in.

(注：深色能降低色彩的明亮度，减弱色彩的饱和度，一些鲜亮跳跃的色彩加深后会变得沉静冷淡，降低色彩的力量感。初学者在一幅画中，深色要尽量控制。加入深色，可消除色彩的“火气”，协调饱和和鲜亮颜色相互排斥的矛盾。深色在画面中不是黑，而是色彩，一些高级的色彩的效果，往往是用它与别种色相混和而画出来的。)

图2-41　查德尔·汉斯作品之九，1917年，36in.×29 15/16 in.

（注：面对细碎的风景，画面要明确大的调子，在主色调的控制下进行局部的细节的描绘。从明度上确定亮、暗、灰；从纯度上确定饱、艳、稳；从冷暖上确定冷、暖，最后综合，形成画面基调。）

图2-42　查德尔·汉斯作品之十，1909年，24in.×36in.

（注：笔触对于表现画面空间和塑造形体有十分重要的作用。在光的照射下，形体的轮廓、结构、体与面转折都有其边缘明显的部分，不同色块之间的笔触，可以将其自然地、有机地衔接起来。不同用笔方向、走势和笔锋的皴、擦、勾、点可表现质感肌理。笔触可刻画画面的节奏感，逼真地表现景物的神韵、情韵和气韵。）

图2-43 查德尔·汉斯作品之十一，$18^{7/8}$in.×$20^{7/8}$in.

(注：风景画中，色彩之间的对比很重要，只有通过对比才能明确差异，求得协调。风景画的对比，是建立在天、地、物三者关系的对比基础上的，和谐是最高境界，既对比又和谐是完美的目标。)

图2-44 查德尔·汉斯作品之十二，1918年，20in.×30in.

(注：以色彩作画，强调以色造型，概括简练，突出和谐之美。概括就要从整体出发，抓住大关系，使色彩倾向性明确简练，使画面上没有杂乱、累赘的东西，色彩语言精辟，作品鲜明有力。画面要简练，但不能简单化，而要粗中有细，精华凸显，浑然一体。)

图2-45 国色，60cm×50cm，刘华，亚麻布油彩

（注：色彩作品画面由许多色块组成，大小不同色块共同构成画面丰富的色彩，但小色块要服从大色块的关系。色块在画面上起十分重要的作用。色块是色调和色彩关系的载体，在画中起着影响全局的决定性作用。色块中含有自然生动的笔触和起伏变化的节奏，可表现质感、肌理，给人美的享受。）

图2-46 清水杨枝，60cm×50cm，刘华，亚麻布油彩

（注：把感觉的色彩引入画面，使画面以其诗意的光辉向人微笑，画就画活了。感觉的色彩要从色彩的对比中去寻找。如，在色性对比中找到色彩的冷或暖的感觉。“热胀冷缩”，冷暖伴随缩胀，随之产生缩胀感。其他如轻重、虚实、前后、远近、进退、艳素等都能随色彩感觉而来。面对白色衬布，你能通过感觉看出它整体或局部白中带黄和带蓝，是偏冷还是偏暖；面对白布、白墙、石膏模型，可感觉到它们之中任意一种含色状况是在和其他两种白色物相比较之后而得出的。同一种色彩在调色板上的色的感觉与画面上色的感觉是不一样的。同一块灰色，处在暖色影响下显冷，处在冷色影响下显暖；处在亮色影响下显深，处在暖色影响下显浅，色彩感觉从画者的思考、情感、作画的激情而来。）

图2-47　秋风胡马，80cm×60cm，刘华，亚麻布油彩

（注：色彩节奏是画者、欣赏者心理情感对画面色彩的感觉。色彩的明暗、冷暖、强弱、大小等矛盾因素的冲突，对比、重复、交替能引起人生理活动，进而出现心理波动，产生色彩节奏感。画面色块如同音符，构成视感旋律。高潮是画面趣味中心，此处色彩对比冲突强烈，其余次于高潮处的色彩也要有不同的对比和重复。缺少冲突，画面单调，冲突过多，画面混乱掩盖中心。好的画面节奏处理，既有约束又相对自由；既可平稳，又可激烈起伏；既可直白开门见山，又可隐晦迂回曲折，随情绪表达而定。色彩借助线条，形体加强节奏动势。）

图2-48 日莲，80cm×60cm，刘华，亚麻布油彩

（注：构成是画面形体及其空间位置的组合和排列，是画者艺术意图和作画构想在画面上表现出来的一种基本模型。它对构图有继承也有发展。构图比较多地从画面自然自在的状态去思考摆布，构成讲究几何形态。构图是感性地经营画面，构成是理性地经营画面。构成是对点、线、面、明暗、空间、透视、比例等造型要素的组织和布局。构成可表达物的竖的状态和背景横的状态所构成的结构，是对画面以几何图形所作的一些大框架的结构安排，可使画面有构筑感。构成在体现形式美，做到对比变化，和谐统一，有内在严密逻辑性。构图要体现构成原理。）

图2-49 荷风，60cm×50cm，刘华，亚麻布油彩

（注：画面上呈现的笔色痕迹习惯上称为笔触。笔触是形体轮廓、空间、运动方向和内在结构等的载体。笔触既是造型手段，又是个性、审美观、风格的体现和感情的流露。笔触通过“摆、擦、堆、刷、飞白”等表现出来。笔触要画得准、快。不同大小、轻重的笔触，效果也不同。笔触产生跳跃的情绪感和跌宕起伏的节奏感。近处笔触一般强，而远处弱，物体笔触相对较小，而背景笔触大。笔触要收放自如，变化协调。）

图2-50 花鸟画的暖色记忆之二，60cm×50cm，刘华，亚麻布油彩

（注：色彩画切忌孤立地只看对象固有色，用未经调和的颜色直接作画，纯度偏高，不能形成复杂的色彩关系，刺眼、生硬缺乏空气感和空间层次感，更无色彩画追求的含蓄、微妙效果，生硬而缺少韵味。）

图2-51　花鸟画的暖色记忆之三，60cm×50cm，刘华

（注：画面既不能“灰”，也不能“花”。色彩饱和度弱，灰蒙蒙的，显得灰暗，令人厌烦。虽然画面色彩总应有亮、灰、暗三种调子，灰是中间协调起至关重要的作用调子。灰色本身是灰暗的，但它仍有色彩倾向，要把灰色调和灰偏向区分开来。要注意亮暗与远近不同部位的色彩差异，拉开色阶的距离。但画面色彩局部突出，缺乏主色调，某些色块不符合形体结构、属性和空间及画面关系，而“跳”出来，显得花里胡哨，杂乱无章，就犯了大忌。因此不要以为色彩越多越好，不要一味注重细小色彩变化，缺乏大关系对小局部的控制，而丧失了画面大的色彩冷暖关系及色调总倾向。）

图2-52　霞光中的笔墨印象之一，80cm×60cm，刘华，亚麻布油彩

（注：色彩的表现关键是“笔”和“色”。用笔是最基本的功力，应体现笔韵、笔意、笔神；对形、光、色要表现准确；对点、线、面要同时考虑。色彩追求完美，即追求艺术上的构思到位和经营到位，要显精神美、个性美、意境美，要优化选择确定画面着眼点即看点、重点，要画龙点睛、以一当十、凸显精华。）

图2-53 青衣九歌之三，60cm×50cm，刘华

（注：画面上，形是实体，色依附于形，是形的表面反应。尽管形、色共同表现画面的面貌，但色给人处于领先的第一印象，吸引的影响力很强。用色来表现画面，色形一体，形成了造型语言。两者相互依存，对形的感觉和理解，离不开色的表现，在画面上应做到素描关系和色彩关系的有机统一。）

图2-54　笔墨戏之一，60cm×50cm，刘华，亚麻布油彩

（注：表现空间是画面构成的一项内容。在绘画的各阶段都要认真仔细考虑。思考空间不能只局限于远近距离、空气感。而要从构成角度来拓展范围，使其更好地表现画面美感。空间的距离、方位、上下是由透视原理表达出来的，即以透视原理为依据，通过色调烘托出来。以色彩表现空间、美化画面大有文章可做。）

图2-55 繁花，60cm×50cm，刘华，亚麻布油彩

(注：绘画的每一件作品，都是独一无二的创作，具有一定的个性。作者以艺术手法，把对象凝固于画面，供永远欣赏。创新来源于生活，来源于继承，来源于积累，来源于思索。创新的实现看的是品位和功力，最后取决于用笔、用色的成熟。绘画者对待创新，既要念念不忘，刻意追求，又不能操之过急，急于求成，要上下求索，不舍点滴创意，逐步前进，积跬步以至千里。)

图2-56　映日，60cm×50cm，刘华

(注：真、善、美是艺术永远的追求。“真”的最高追求在于情。情真才能意切，才会感人。情真，是超越形相之真，追求给人以“真”的心灵感受。绘画表达的是感觉的真，进而是情的真。画面反映的不仅仅是自然的真实，还有画家感受的真实。绘画作品是存在与意识、充实与空灵、客观与主观的高度统一，寥寥几笔，就能生动地把真、美的意图表达出来。)

第三章 平面构成和色彩构成

一幅画面离不开点、线、面、形和色彩。平面构成介绍画面中点、线、面、形的理性处理方法；色彩构成介绍画面中色彩的理性处理方法。

第一节 平面构成

一、点

（一）点的概念

在视觉艺术中，点是相对较小且集中的视觉单位，它是具有形状、位置、大小、面积、情感特征的抽象概念。点是相对而言的，是视觉语言的最小单位，可以是任意的形状，而且要以一定的形状出现，可以是一个文字、一种图形、一个零件、一架轮船，只要它在所处的环境中足够小。

下面我们介绍几种形状不同的点并分析各自性格特点（见图3-1～图3-7）。

圆点：单纯、饱满、光润、柔顺、易运动，完整有灵气；

方点：厚重坚实、静止稳定、冷静平衡，有很强的滞留感；

图3-1 大小不同的圆，在对比下大圆呈现面的特征，小圆呈现点的特征，这就是点的相对性

图3-2 圆形与方形有明显不同的性格特征，在成为点时，还保留着本身的性格特征

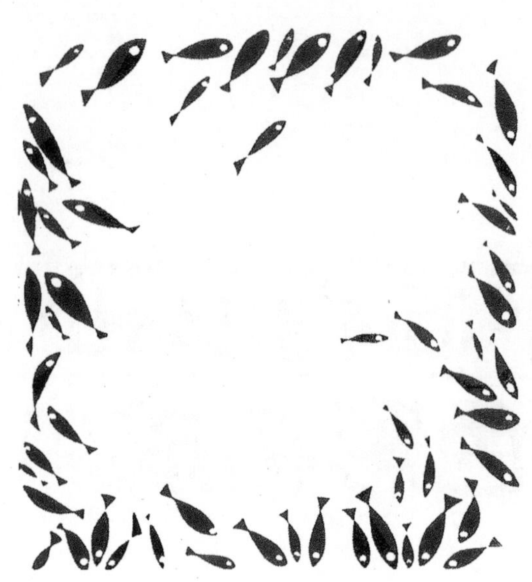

图3-3　点的构成
（注：以鱼为点，以点构成画面。）

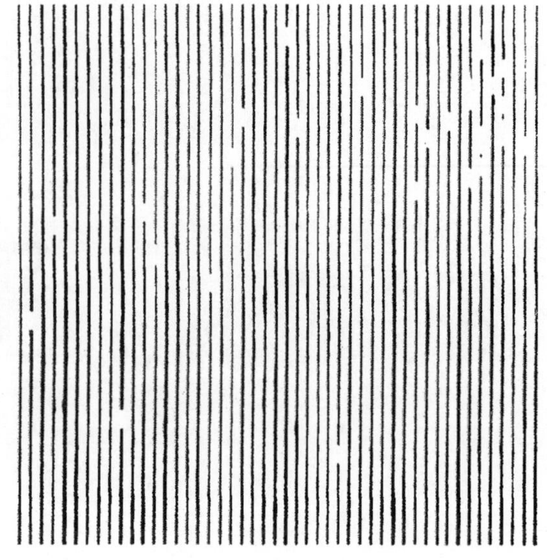

图3-4　虚点可为被周围密集的线或者其他形所包围的空白区域，在特定的环境下就变成了虚点，是隐藏在图形中的点形，是与实点相对而言的

尖点：锐利、醒目、跳跃；

自由点：形象随意、自在，往往具有方向性，形成某种视觉动态，有线的因素在内（如标点符号、音符、笔画）；

实点：真实、肯定；

虚点：虚幻、飘渺；

大点：醒目、单纯、层次少；

小点：丰富有光泽，琐碎而零乱。

图3-5　各种不同形状的点

图3-6　点在构成画面时可根据需要进行演变

（二）点的位置关系

在实际应用中，点具有大小，而且点的确定要受位置和周围环境的影响。

1. 点与位置

点在平面上，与平面的大小关系及在周围环境中所处位置的不同，会让人产生不同的视觉感受。一个圆点放在画面正中心时，给人的感觉是稳定和平静的。如果圆点离开画面中心，向上移动，在视觉上造成失重感，就会产生上升的感觉；如果圆点离开画面中心向下移动，就会产生下落的感觉。

点也因为画面的大小而改变它自身的性格特征，这也是点的相对性。

图3-7　点的构成
（注：相似形状的点，因为位置不同，视觉感受也不同）

2. 多点的位置组合

两个大小相同的点，放在平面内与线平行的位置上，两个点就会相互吸引，由于视觉张力的作用会产生线的感觉（见图3-8）。

大小不同的两个点，放在平面内平行于底边的位置上，大的点会吸引小的点，人们的视觉将会从大点到小点之间移动。

多个点的近距离设置会使人产生线和面的感觉，而多点的不同位置排列相应会使人产生三角形、四边形、五边形等其他相应形状的感觉（见图3-9）。

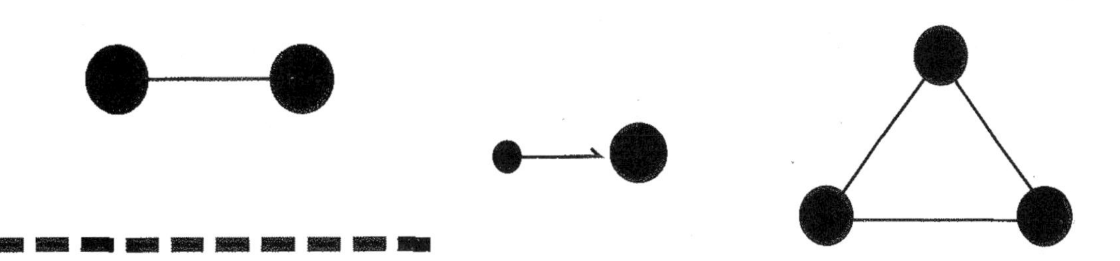

图3-8　两个相同的点由于视觉张力的作用会产生线的感觉

图3-9　在大点与小点组合的画面中，大点吸引小点；多个点较近排列时，会出现点之间连接成相应的形状（如三角形等）的感觉

3. 点与周边环境

点由于周围环境变化会产生不同的感觉，如等大的点，周围都是相对小的点时，中间点就会显得大；如周围都是相对大的点时，则中间的点就会显得小；而上下相等的两个点，上方的点则显得大于下方的点，这也是错视产生的主要原因（见图3-10～图3-13）。

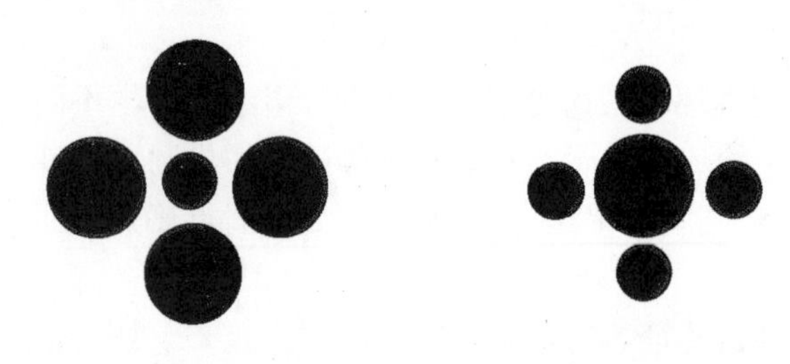

图3-10　相同的点，在周围环境的改变下，感觉不再一样大了。被大点包围的点(左)比包围大点的点(右)在视觉上小，左图中的大点比右图中的大点在视觉上大

图3-11　两个相等的点，由于排列的位置不同，以致形象在视觉上发生改变，上方的点显得比下方的点大

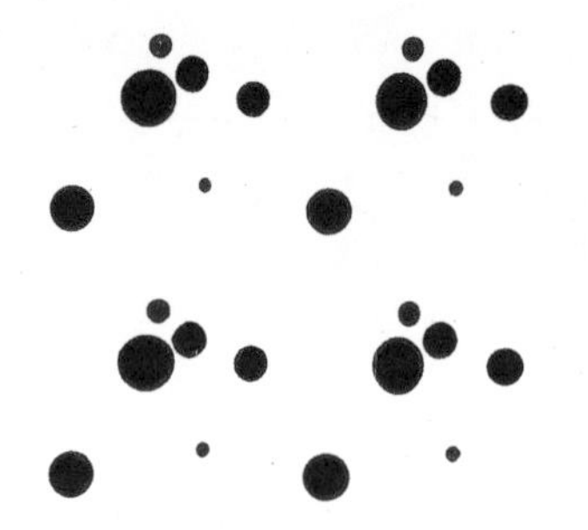

图3-12　大小不同的点先进行单元组合，再以四个单元构成画面

图3-13　以变形的点组合构成画面

（三） 点的构成

1. 点的构成分类

点具有细小且形状各异的特征，有无限的表现力，可以创造出丰富的形态。点的构成可以分为等点构成、差点构成、网点构成（见图3-14～图3-16）。

等点构成：由大小相等、形状相同的点构成画面，单纯质朴有趣，和谐而统一。

差点构成：由大小不同、形状各异的点构成画面，画面丰富多变，具有强烈的动感、光感和层次感。

网点构成：是现代印刷技术的一种特殊构成形式，印刷时点的多少直接影响印刷质量，也称分辨率。在平面构成中可以通过放大点使其形态在画面上显现出来，形成具有张力和肌理感的视觉效果。

图3-14　等点构成

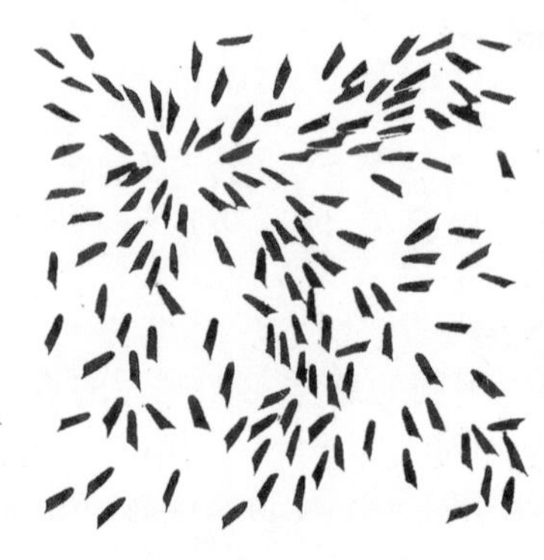

图3-15　差点构成

图3-16　网点构成

2. 点的组织效果

点的线化：点的密集规则排列会形成线的感觉。点的间隔如果很小，它的线化就会显得十分明显。不具趋向性的点，集合也会形成线。距离较近的点的吸引力要大于距离较远的点。

点的线化可形成空间感。从大到小的线化的点群产生从强到弱的运动感和空间感（从近到远的深度感），因此点的集结也能够增强空间的变化效果（见图3-17）。

点的面化：排列距离相同的点向四面扩张会形成虚幻的面，即产生点的面化，随着点的大小疏密变化，也容易造成空间纵深感。

点的面化可形成体感：如果依据光的照射情况，点按不同疏密排列在物体的亮面、暗面，将会出现凹凸的立体感和质感（见图3-18）。

图3-17　点的线化
（注：点的密集规则排列使点在视觉上形成了连线感，由于点有了大小变化，使画面出现了前后的关系，造成空间感的幻觉。）

图3-18　点的面化
（注：点的等距离密集排列，使点群在视觉上形成面的感觉，由于点有了大小变化，在具象的形体上使画面出现了明暗关系，造成光照下的立体感和体量感的幻觉。）

我们在点的构成训练时，可以运用各种材料、工具、技法，创造出独具个性和新鲜感的点，利用相应的构成原理，通过调整点在画面的位置、点的形状、点的分布，塑造丰富且更具感染力的构成作品。

二、线

（一）线的概念

线在视觉艺术中是具有方向、长度、宽度、面积、情感特征和形象特征的视觉单位形态。当形体的长度和宽度比例到了一定程度的时候，就形成了线。线有造型、分割、指示方向的功能（见图3-19和图3-20）。

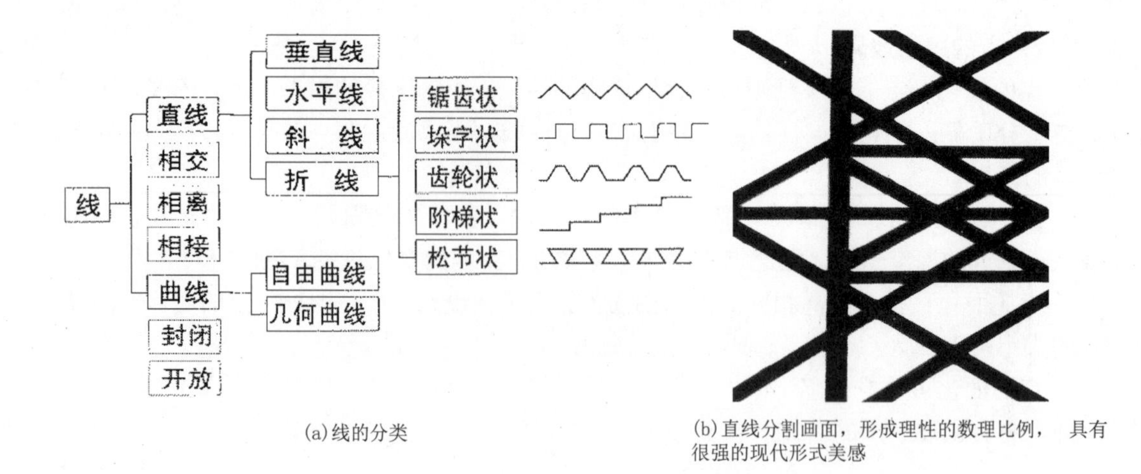

(a)线的分类

(b)直线分割画面，形成理性的数理比例， 具有很强的现代形式美感

图3-19 线分割画面

图3-20 直线和曲线构成对比，更加能直观地感受到两种线的性格特征

（二）线的类型与性格特征

1. 线的分类

线从形象上可以分为直线和曲线两种；从状态可以分为不相交线、相接线和相交线，曲线有封闭的曲线和开放的曲线；从产生途径可分为徒手绘制的线和器械辅助绘制的线。

2. 直线的形象及性格特征

直线有竖直线、水平线、斜线、折线四种形象。它直接、锐利、理性，具有男性阳刚的性格特征。

竖直线的性格特征：崇高、孤独、锐利，具有男子的特点，有很强的速度感。

水平线的性格特征：平缓、安定、舒适，具有中年人的特点，有稳定感。

斜线的性格特征：运动、亢奋、不安定，具有少年的情感，45° 的斜线最具动势。与水平直线相比较，斜线更加活泼。

折线的分类与性格特征：折线分为锯齿状、垛字状、齿轮状、阶梯状、松节状五种形象。具有急促、锐利、紧张感，带有很强的指示性。

3. 曲线的形象及性格特征

曲线有自由曲线和几何曲线两种，曲线具有柔美、缓和、感性的女性特性。

自由曲线的性格特征：柔软、丰满、优雅，具有女性柔美感（见图3-21）。

几何曲线的性格特征：弹性、韧性、机械，具有规范、典雅、现代感和准确的节奏感（见图3-22和图3-23）。

图3-21　开放的自由曲线，有柔美优雅的美感

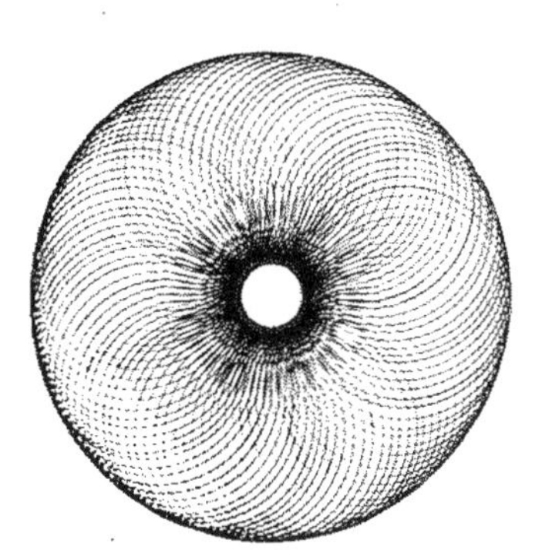

图3-22　封闭的几何曲线，富有弱性，有规范、理性的美感

图3-23　自由曲线，流畅优美的曲线造型使画面优雅、自由和洒脱，充满生机活力

4. 徒手绘制的线和器械辅助绘制的线的性格特征

徒手绘制的线的性格特征：自如、随意、舒展、更具亲和力，线条更人性化，自由流畅，生动丰富（见图3-24）。我国的书法就是最好的例证。

圆规和曲线板绘制的曲线的性格特征：几何曲线显得机械、冷漠，更理性。自由曲线具有柔和、随意、奔放、有个性和富有变化的节奏感。

直尺绘制的直线的性格特征：直线的总体特征是单纯、明快、干净、整齐。水平线的特性是安定、平静、稳重、广阔、无限、左右延续、高速运动。竖直线的特性是刚强、端庄、明确、直接、紧张、干脆，有下落、上升的强烈运动感。斜线的特性是倾斜、有上升和下降的运动感，富有朝气（见图3-25）。

徒手绘制时用笔方向变化，绘制的线生动、活泼、无拘无束（见图3-26）。

图3-24　徒手绘制的线条变化丰富、自由随意、流畅潇洒，更能表达主观情感，富有生命感和情感

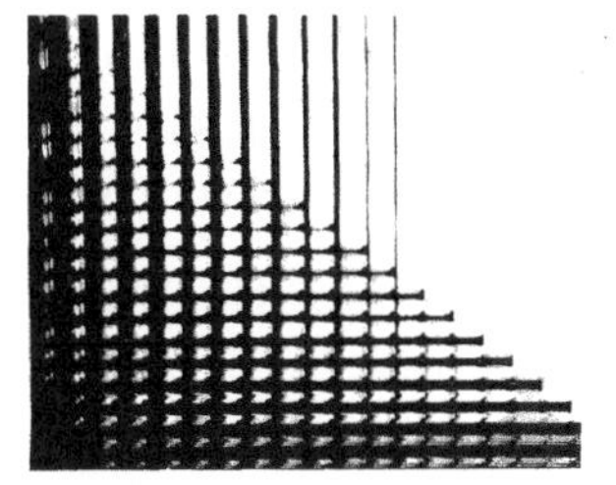

图3-25　辅助工具绘制的直线的构成

图3-26　用笔方向变化的线

5. 线条形状的性格特征

细线的性格特征：纤细、秀气、锐利，具有柔弱感。

粗线的性格特征：有力、厚重、粗犷，严密中又产生有强烈的紧张感和压迫感（见图3-27）。

长线的性格特征：直爽、稳定、具有连续感、速度感、律动感和节奏感。

短线的性格特征：畏缩、急促，具有停顿性和较迟缓的运动感。

不同工具绘制的线条，变化万千，粗细、轻重、疏密、方向各不相同，绘制的速度、角度、力度都影响着线条的形成，最终导致线条的形状没有一种是一样的。同时，线条由于形状的不同，使线条本身的情感特征也千变万化，所以，在造型中线条是最具情感特征的要素，也是最具表现力的元素（见图3-28）。

图3-27　粗线和细线的构成

图3-28　力度较强的线的构成

（三）线的构成

线在画面中可以充当主角或配角，整幅画面可以全部用线来表现，也可以只用线来分割画面。此时线是以组合的形式出现的，我们可以将线的组合形式分为以下几种：

1. 线的不规则构成

若采用粗细、长短均不同的线条作为构成的要素，依照主观构想意念进行自由的排列，画面整体较活泼而富有感情，变化丰富，借助表现手法或不同笔法，能够产生很多偶然的效果。但应注意，在追求变化的同时，加强整体性和统一性，避免凌乱、琐碎（见图3-29）。

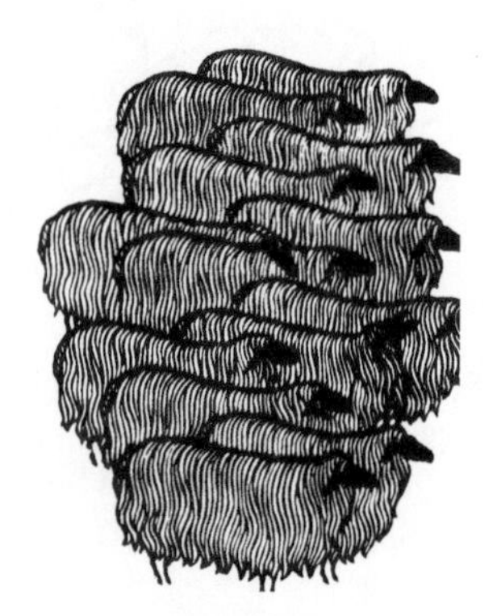

图3-29　粗细长短有变化的线构成了具象形态，画面变化丰富、活泼

2. 线的规则构成

线为基本的形态要素之一，若用粗细等同的直线或曲线平等设置组合，依据几何学中固有的数列来进行构成，这一类的构成图形在整体造型上极易造成统一的秩序感，但因变化较少而略显机械、简单，在此类构成形式的安排上应增加形态自身的层次感，加强画面的丰富效果（见图3-30和图3-31）。

3. 线的综合构成

线的规则构成和不规则构成的结合就是线的综合构成，具体是按照某种固定的方式进行线的组合，在组合图形中变化局部，使其产生不同的造型形式，起到突出强调的视觉效果，画面构成变得丰富而有创意，运用得当会让人感觉到耳目一新（见图3-32）。

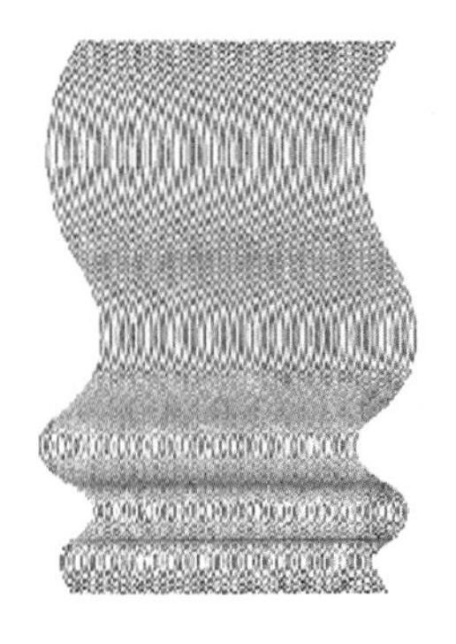

图3-30　规则的线构成

图3-31　规则的线构成，粗细、大小相同的线排列，极富秩序感；依照数理排列具有韵律感

图3-32 线的综合构成（注：在规则的平行线组合排列的基础上，对局部进行了不规则线条的处理，使平行线整齐规律的秩序感被打破，突出了主体鸟形，增强了视觉冲击力。）

4．线的分割

以线为主的造型要素，先组合成一张具有整体感的线组合的画面，然后再用直线或曲线把整体的画面进行有规律的和无规律的分割。有规律的分割主要是利用黄金比例和几何数列关系来推算；无规律的自由分割可依据自己的主观意念进行分割。

线的分割可分成平行线分割、不平行线分割、竖直与水平线分割、弧线分割、放射状线分割和旋转线分割（见图3-33和图3-34）。

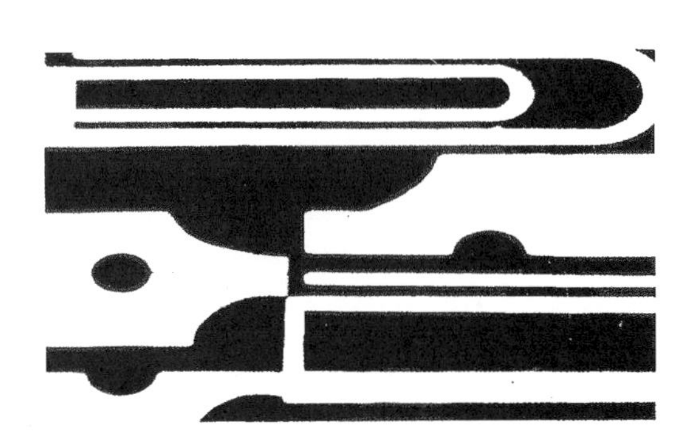

图3-33　线的有规律分割

图3-34　直线的无规律自由分割，直线相对曲线显得机械硬朗

5．消极的线

消极的线即隐藏起来的线，是不直接绘制的线，通过间接制造的线。如：一排平行线被刀划过，中间断开处，就会形成一条虚线；平行线的断开错位排列，错开处也会形成消极的线（见图3-35和图3-36）。

6．线的面化

线的规则排列会产生虚面的感觉，等距离排列，间距越小，面的感觉越强；等差数列的间距排列，会产生远近的空间纵深感（见图3-37）。

图3-35　消极的线（一）

图3-36　消极的线（二）

（注：原有的图形上如同用刀划过，出现了一条圆弧的线，它隐藏在图底之间。这条消极的线是经过精心设计的，它并不是连接的虚线，而是局部断开，整体上视觉感受到是一条连接完整的线。）

图3-37　线的面化

（注：密集规则的排列线，产生了面的感觉，这是视觉上的虚面。由于线条的紧密和规律，使线条之间的共同元素通过视觉归纳成面，同样这些虚面的连接能够形成体，并可形成扭曲转动的空间感。）

三、面

（一）面的概念

在视觉艺术中，面是具有面积、形象特征和情感特征的视觉形态。

面是构成各种可视形态最基本的形。它可以通过基本几何形的添加、减去来得到任意的平面形态；通过各种不同的线闭合后，可构成不同形状、不同性质的面，可以在轮廓线的闭合内完整填充形成积极的面，给人以明确、突出、充实的感觉，也可以通过不完整的填充，依据视觉经验来形成消极的面，产生虚幻、无力、不真实的效果；通过点和线的扩张也可形成面。

面是设计中常用的视觉造型元素，它的大小、曲直变化对设计的整体布局有很大影响，而在画面设计中，都在有意或无意地进行着面的分割、组合、虚实交替等的处理，借此来增强画面的整体效果的表现（见图3-38和图3-39）。

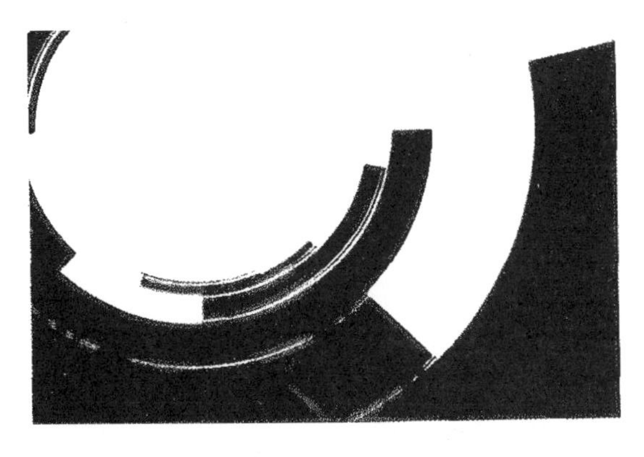

图3-38　面的图底黑色的形和白色的形都是面，一般将先进入视觉的形称为图或正形，把后进入视觉的形称为底或负形。图和底的某个形第一时间进入视觉是因人而异的，心理学上用图底来做某些测试

图3-39　面的构成作品
（注：运用面的构成创作的装饰画，整体画面简洁明了，正负面运用很到位，在构图中合理地利用留白，能产生很好的视觉效果。）

（二）面的分类与性格

面从形状上分为直线面、曲线面和偶然形的面，从状态分为积极的面和消极的面，从视觉感受分为无机形和有机形。

1. 直线面

直线面又可以分为几何直线面和自由直线面。具有简洁、明快、有序和理性的特征，视觉感受上属无机形态，容易被人记忆和理解，而且制作起来也比较方便，还可以借助工具进行绘制。

2. 曲线面

曲线面也分为几何曲线面和自由曲线面两种类型。曲线面比直线面要复杂，并富有变化和律动感，属于有机形态。它所表现出来的弹性和圆润给人以无限的想象空间，使人感到生命的活力，具有同曲线一样的女性特征(见图3-40）。

直线面具有和直线相似的情感特征，曲线面具有和曲线相似的情感特征，因为直线面是由直线围合而成的充实形，曲线面是由曲线围合而成的充实形，只是充实的面形有厚重感（见图3-41和图3-42）。

图3-40　曲线面构成

图3-41　消极的面
（注：在规律有序排列的点阵中，有方形的面切割着点，方形隐藏在画面中。它的性质和消极的线相同。）

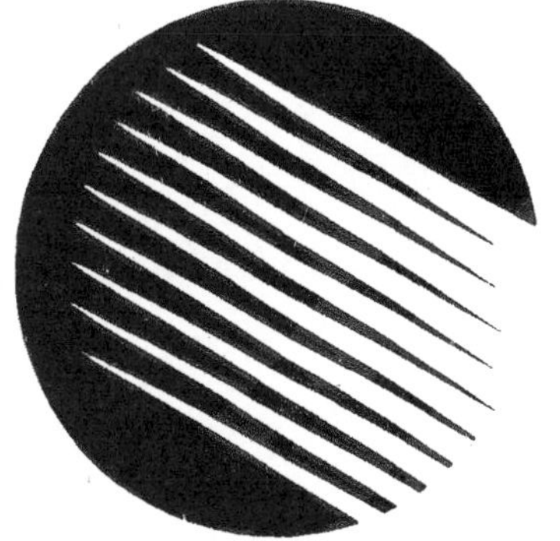

图3-42　曲直相间的面形

（三）面的图底翻转性

构成中，一部分形态直接被感知，成为形象。当我们仔细观察时，原来的背景逐渐显现成图，这种交替出现的构成形式，称为图底的反转。在心理学中，又被称为模糊图形或者可逆转图形，这种图与底的关系，为我们提供了一个极富挑战性又充满趣味的创意形式（见图3-43～图3-46）。

图3-43　图底双形的构成
（注：黑色图形是一位戴眼镜的外国中年人，而鼻子、眼睛、额头组成的白色图形又是一个两腿相交躺着的裸体男子。）

图3-44　白色的图形是鱼的形象，黑色图形是鸟的形象

图3-45　黑色图形是两个人的头部形象，白色的图形是一个杯子的形象

图3-46　图底双形的构成
[注：白色的图形是一男（正）一女（倒）头部形象，黑色图形是一老一少的头部形象。]

四、造型

（一）形与形的关系

在形与形相遇时，就会产生各种不同的关系，设计者通过具有一定形态的面进行不同加减组合来创造出更多的形象，实现造型（见图3-47）。不同形的面相互关系大致可以分为以下几种：

分离：形与形之间保持一定的距离而不接触。

相切：形象与形象的边缘恰好相切，而构成组合图形。

覆叠：一个形覆叠在另一个形上，覆盖在上面的形不变，而被覆叠的形有所变化，形成上与下、前与后的关系，产生空间层次。

图3-47 形与形的关系构成

透叠：形与形相互交错重叠，没有前后或者上下的空间关系。

差叠：两个形相互交叠，其余部分被删减去，交叠部分成为新的形。

减缺：不可见形覆盖在可见形上，保留没有被覆盖形，所留下的剩余形为减缺的新形。

联合：形与形交错组合，不分上下前后关系，而是将各个形围合起来，构成同一个空间平面内较大的新的形。

重合：两个相同的形并置，其中一个覆盖在另一个上，只显现出一个形态，成为合二为一、完全重合的形（见图3-48）。

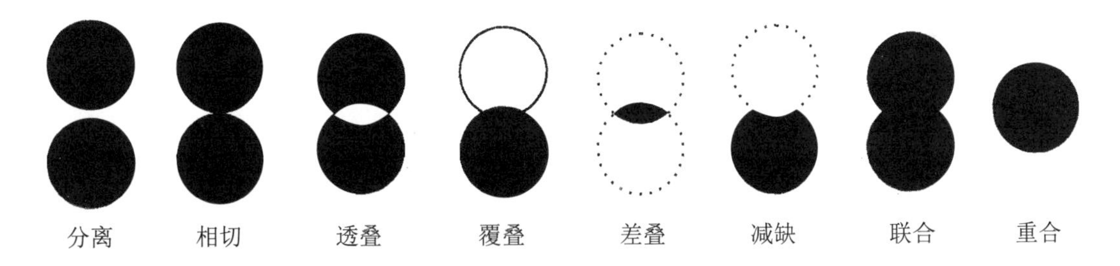

图3-48 形与形之间的位置关系

（二）形与形的关系因素

形与形之间的关系因素是造成形各种态势的根本原因，因为关系因素而丰富和复杂了画面的对比，画面中只有形，没有态势，那画面的视觉效果就没有任何表现性和艺术性了。形与形的关系因素是造成形态差异的核心因素，也是美感塑造的主要表现方法，所以形与形之间的关系因素是画面效果的关键。对比因素分为外显的关系因素和内隐的对比因素，它们可以是单个的存在于形态中，也可以是多个共同存在于形态中。

1. 外显的关系因素

形关系因素：大小、粗细、直曲、钝锐、开合、简洁与复杂（见图3-49）。

位置关系因素：远近、高低、前后、聚散。

方向关系因素：向内向外、向左向右、水平竖直、倾斜。

数量关系因素：多少、奇数、偶数（见图3-50）。

色彩关系因素：明度、纯度、色相、冷暖。

肌理关系因素：光滑、粗糙、凹凸。

2. 内隐的关系因素

强弱、动静、轻重、硬软、薄厚、透明。

图3-49　大小位置的关系对比

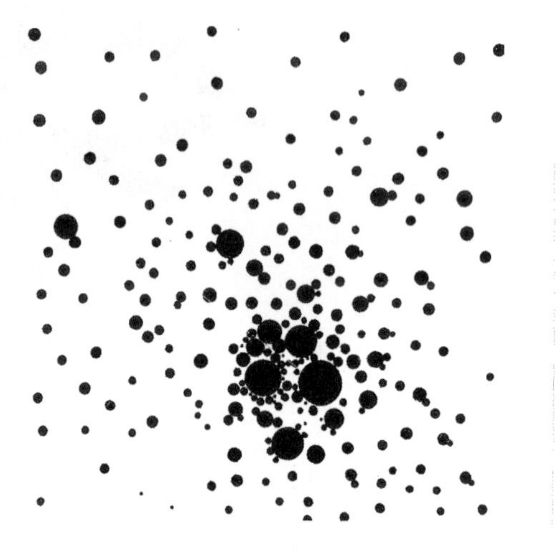

图3-50　数量的关系对比构成

（三）造型方法

通过解构的观念理解，所有的造型都可以分解，任何造型都是由基本的形态（图3-51）要素按照构成形式、构成结构、构成法则构合而成的：当然这种构合不是形态要素的简单相加，如三角形是由三条线围合而成，但不是三条线相加的和。组合前的三条线仅仅具有线的特质，而构成三角形后，将具有以前完全没有的三角形的特质。这是客观世界非常重要、非常奇特的现象。同理，各种复杂的形都是由基础几何形（圆形、三角形、四边形等)构合组成的。这种分解的理解对认识形和创造形有很重要的意义（图3-52～图3-54）。

一个独立的形态都有自己独立的性格特征，在保留形的性格特征基础上，通过解构分析，将形分解为圆形、三角形、四边形这些最基本的几何形。圆形是由曲线构合而成，具有饱满、运动、柔美的性格特征；三角形，由三条直线构合而成，具有简洁、稳定、尖锐的性格特征；四边形由四条直线构合而成，具有敦厚、刚毅、正直的性格特征。

按照分解的理论，简单的几何形都是由基本的点、线、面构合而成，复杂的形态都是由简单的几何形构合而成。通过这种思路可以得出三种造型方法：

加法造型：通过运用形与形添加的方法创造新型。

减法造型：通过运用形与形减除的方法创造新型。

负形造型：形与形相连，围绕成新的形态。通过形与形的围合造成负形，达到正负共存的效果。

图3-51　基础的几何形

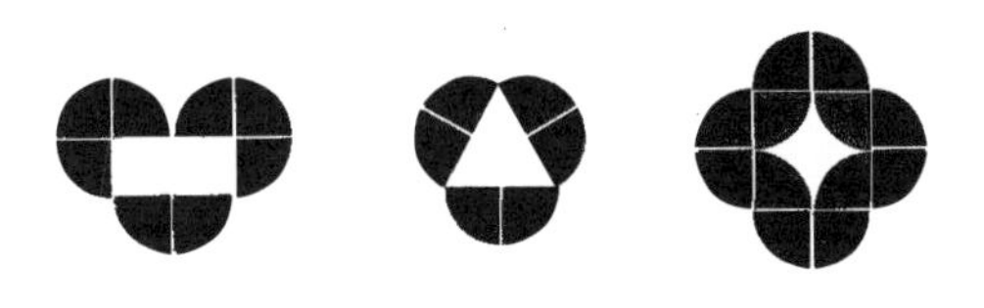

图3-52　几何形的加法造型

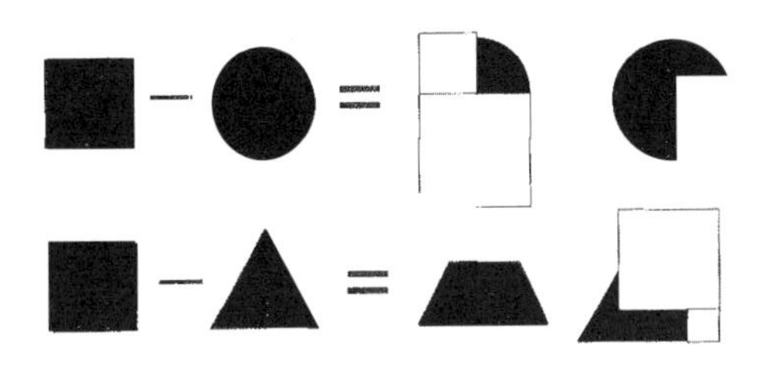

图3-53　几何形的减法造型

图3-54　负形造型

（四）形的群化与排列

1.形的群化

群化是基本形重复组合构成的一种表现形式，但不是形的简单重复，而是依据构成法则创造形式美，具有独立存在的性格特征，同时也是一种造型方法，在标志设计中运用极多（图3-55）。

一般来说，群化构成有以下几种形式：

放射式的群化：向一点集中或由中心向四周扩展的群化。

对称式的群化：出现对称稳定美感的组合，可采用反射、移动和回旋转等对称形式。

旋转式的群化：基本形的组合排列依据旋转形式群化（见图3-56）。

均衡式的群化：视觉上平衡，而形象上出现偏置（见图3-57）。

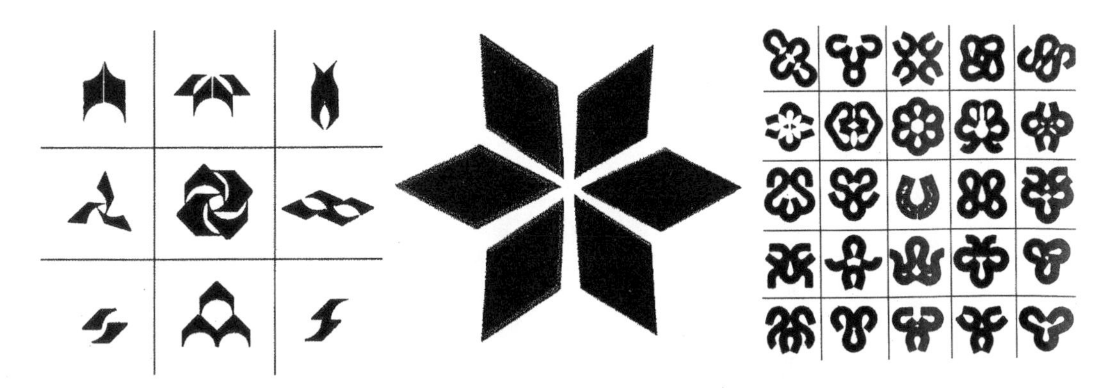

图3-55　形的群化构成　　图3-56　旋转式群化　　图3-57　各种形式的群化构成

2. 形的排列

排列是形与形的组合方式。从这个角度出发，便于从整体上认识形态。

一般来说，排列有如下形式。

线状排列：以水平方向、竖直方向、斜线方向发展排列构成线状图形，具有很强的方向性（见图3-58）。

环状排列：把直线状的排列发展成为曲线，使两端连接（见图3-59）。

面状排列：形以横向和纵向两个方向发展排列，构成面状图形（见图3-60）。

图3-58　左右或上下看，单行的形是以线状排列的

图3-59　形的环状排列

图3-60　形的面状排列

放射状排列：形由中心向外排列，造成放射图形（见图3-61～图3-63）。

对称排列：形左右对称或者上下对称排列，排列规律、整齐（见图3-64）。

均衡排列：形依照均衡的原理排列组合，比对称更多了动态要素。

图3-61　形的放射状排列之一

图3-62　形的放射状排列之二

图3-63　形的放射状排列之三

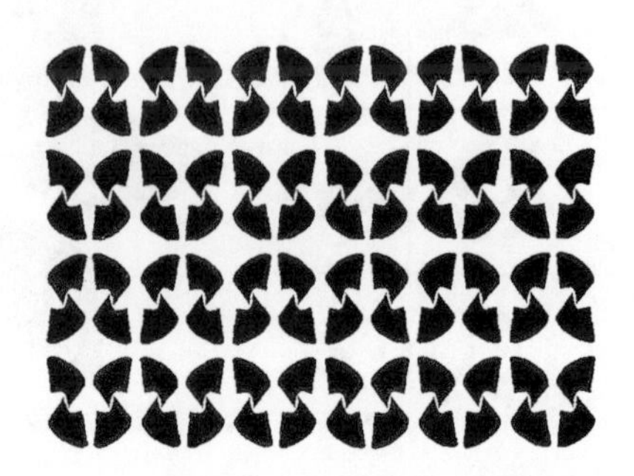

图3-64　形的对称排列

五、构成法则

构成法则是造型中遵守的美的法则，它是指导造型行为的具体的、规律的创造美感的方式，也是美存在的本质的主要形式。早在古希腊时期，亚里士多德就从美学观念中提出：美的主要形式是秩序、匀称与明确。

（一）对比

对比是指互不相同的因素并置的时候所产生的差异，通过并置使它们各自的特点更加鲜明突出。

对比在造型艺术和设计艺术中的法则是普遍性的，对比存在于所有造型构成当中。

形与形的关系因素的对比：如黑白对比，虚实对比，疏密对比，大与小的对比，多与少的对比，方与圆的对比，位置的对比，空间的对比，刚与柔的对比，形状的对比、肌理对比、重心对比等（见图3-65～图3-67）。

图3-65　疏密、方圆等对比

图3-66 色彩、方向等对比

图3-67　面积、形状等对比

（二）统一

对比统一是互为相反的因素，又是互为补充的，在对比中寻找统一，目的是达到画面的和谐。

统一是将形状各异的组成部分经过有序的组织，使其从整体达到多样统一的效果。统一又是相对的，世界上没有绝对统一的事物，统一和对比是相辅相成的关系，也就是说对比中有统一，统一中存在对比。统一的运用原理如下：

接近的原理：各种不同的形态，将它们各自各种接近的要素相结合，就能够得到画面的统一。如形体的大小接近、色彩的相似、肌理造型特性的一致，都容易具有统一感（见图3-68和图3-69）。

图3-68　平面构成作品运用接近的原理，通过各种相近的形来构成整体的统一

图3-69　平面构成作品运用接近的原理，形的重复连续应用，使构成形式更加统一完整

（三）稳定

稳定是一种视觉上的平衡、安定、协调感。由各种形态的关系因素之间的对比，造成形的丰富变化和动的态势，而视觉在复杂纷乱的形态中需要有秩序的、安静的、平稳的感受，稳定的造型具有安全、坚强、恒定的感觉，避免不安定的凌乱感。三角形是最具稳定感的形态，在构图中也是三角形构图相对稳定，而均衡和对称两种构成形式本质上是最具稳定感的图式；稳定感的形态或构图的关键是重心的把握，重心能将关系因素的对比在画面中呼应起来（见图3-70）。

（四）比例

哲学中很早就有“美是和谐和比例”的论述；比例是部分与部分或部分与整体之间的量、数等关系因素对比的尺度，如：大小、长短等。世界公认的黄金分割比1:0.618，在造型中运用极为广泛，恰当的比例有一种协调美感，在视觉艺术中比例是有相对性的，造型中比例不单是现实形态的物象的比例，主要是一种抽象的内在的非现实的视觉感受，所以美的比例一般以和谐均衡为它的尺度。

在构成结构中，有几种分割的形式所得出的比例，具有很强的理性美感，如等差数列、等比数列、黄金分割比例等，这些比例很固定，但因运用的方法和造型的形式、结构的不同，比例的美感各具特色（见图3-71）。

图3-70　平面构成作品运用对称的构成形式，使上下两部分均衡、对称，创造出稳定的美感

图3-71　主体形象、形态元素之间和与整体之间的比例，由各种关系因素体现出各种比例关系

第二节 色彩构成

一、光与色

（一）光谱

光是我们之所以能够认识世界，感受万物存在的主要原因，正是有了光，才有了我们五彩缤纷的世界，我们才能感受到青山、绿树、蓝天。如果没有光，也便没法见到这

色彩斑斓的万千世界。色彩是光源（如太阳光、灯光、烛光、火光等）照射在非发光物体上反射而来的光，以及散射到被观察物体上所产生的光。光和色是分不开的。色由光来决定，反映在人们视觉中的色彩其实是一种光色感觉。

1666年英国科学家牛顿在剑桥大学的实验室里，把太阳光从细缝引入暗室，让光通过三棱镜，使其产生折射，并在荧幕上显现出一条美丽的彩带，呈现出红、橙、黄、绿、青、蓝、紫七种色光，它们按彩虹的颜色秩序排列。这种现象叫做光的分解或光谱。“光”是一种辐射能并以电磁波形式存在（见图3-72和图3-73）。

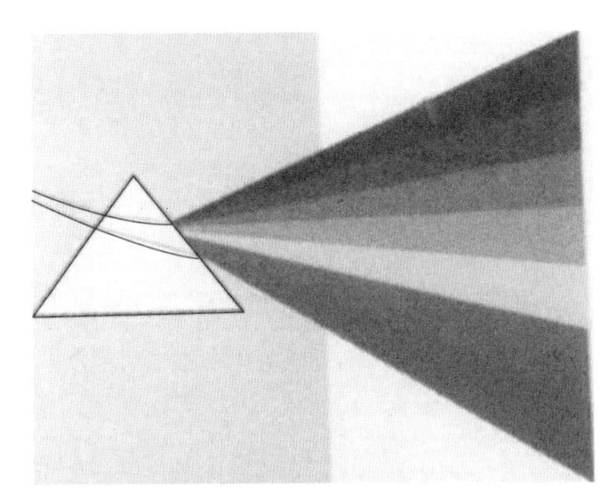

图3-72　白光经过三棱镜的折射能够依序分解成红、橙、黄、绿、青、蓝、紫七色光

不可视光　可视光　不可视光

宇宙射线　R射线　X射线　紫外线　红外线　雷达波　电视波　天线电波

图3-73　光可以分为可见光和不可见光。可见光中红光波长最长，紫光波长最短。不可见光包括红外线、紫外线、射线、微波、宇宙射线等

（二）单色光与复色光

牛顿之前的学者认为白光是最简单的光线。但从牛顿用三棱镜将白光分为红、橙、黄、绿、青、蓝、紫七种色光之后便不再这样认为。如果在光线分散的中途加一块凸透镜，使分散的光线在凸透镜与荧幕之间的某一点集中，在集中的一点则又成为白色光，这说明白光并非是最简单的光线，而是复色光。若将经三棱镜分解的红、橙、黄、绿、青、蓝、紫任意一个色光，再经三棱镜则不能再进行分解，荧幕上只是原来的色光，这种不能再分解的光叫单色光（见图3-74）。

（三）固有色

物体固有色，物体的色彩是标准日光照射物体在不受环境影响经物体的吸收、反射反映到视觉中的光色感觉。如绿色的树叶、白色的雪，我们把这些色彩统称为物体的固有色。单个物体由于所投照的光源色不同，也因其本身特性不同，表面质感、对光的吸收与反射、所处周围环境等的不同，形成的所见物体色彩也各不相同。但我们一般认为即使当光源改变为人工灯光、月光、星光时，物体的实质颜色并非随之改变，这种惯性的色彩认识，称之

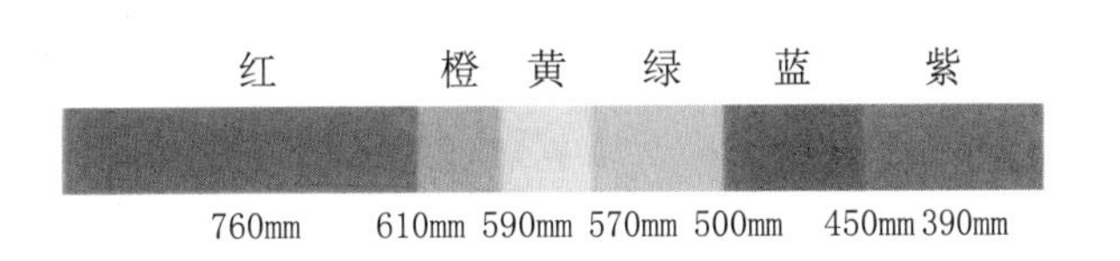

图3-74　七色光光谱

图3-75　红苹果表皮的固有色

为色彩恒定性。物体色彩恒定性会干扰初学绘画的人对画面上物体色彩的认识，进而影响他的绘画色彩处理，必须克服（见图3-75）。

但是如果物体吸收了照射来的光线，而没有反射出去，光色就会变暗。光色越多，相加成白色，光色量越少，相加成暗色，深浅不同的暗色形成了灰调。由此可见，光源色及光照度是物体色彩发生变化的主要原因。

运用上述原理，在进行设计时，就要考虑到不同的光在不同环境下对物体的影响（见图3-76）。

光传播到人的眼睛途中，对色彩的感觉会因直射、反射、投射、散射、折射等途径不同而异。

直射就是光源直接传入人的视觉中，视觉所反映的颜色是光源色。

平行反射又称镜面反射，是指将光线原样有规则地平行地反射出去。例如：水面、油面、金属面及各种表面平滑的物体都能形成平行反射（见图3-77）。

扩散反射是指当投照来的光线被物体部分地选择吸收，并且规则地反射出去，即扩散反射。

透射是指当光源照射透明物体时，光线透过物体传入人的视觉中（见图3-78）。

散射是指当光源照射物体时，光源受到物体的干涉而产生散射光，反映在人的视觉中对物体表面色彩的纯度产生一定的影响（见图3-79）。

折射是指光源照射物体时，光的方向发生变化，称之为折射光。

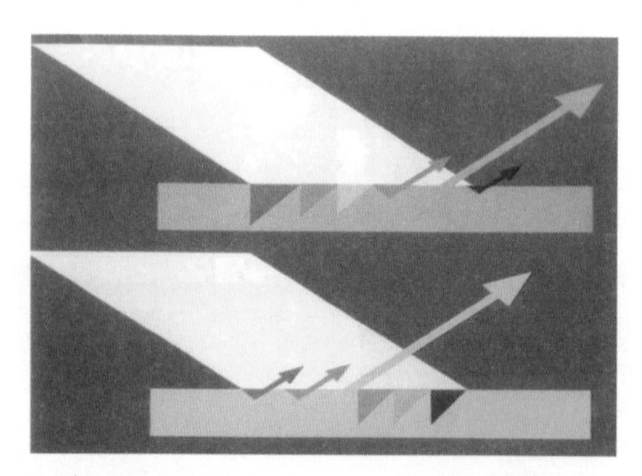

图3-76　物体对光的吸收与反射示意图
（注：阳光投射到物体表面，一部分被吸收，一部分被反射出来。视觉感受到蓝色，就是蓝色的物体表现，黄色亦然。）

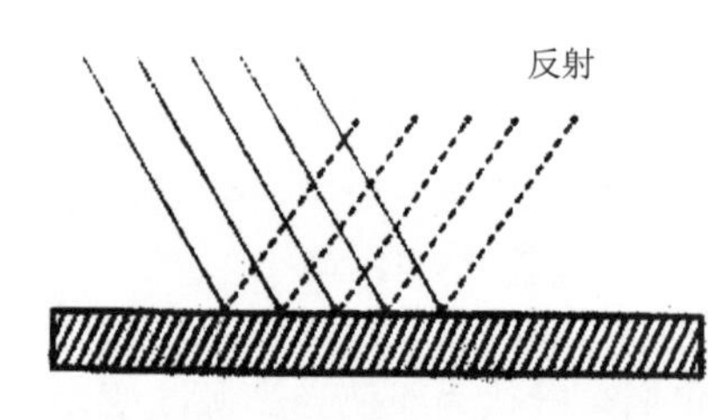

图3-77　光的平行反射示意图

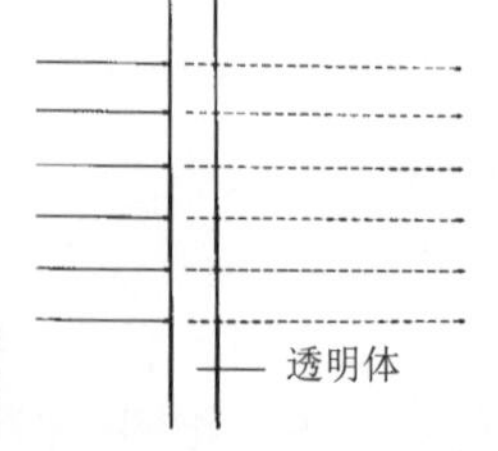

图3-78　光的透射示意图

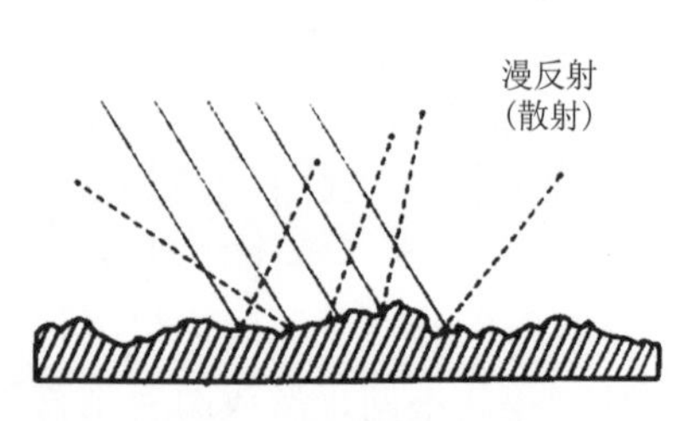

图3-79　光的散射示意图

二、色彩的属性

世界上的色彩千千万万，各不相同。一般任何一个色彩都有三个很重要的属性即色相、明度、纯度。它们是同时存在不可分割的，形成了三位一体的共有关系。三种属性中任何一个要素的改变都将影响原色彩其他要素的变化。所以，我们把明度、色相、纯度称为色彩的三要素。

（一）色相

色相是色彩的相貌，是区别色彩种类的名称。色相差别是由光波波长的长短产生的。红、橙、黄、绿、青、蓝、紫等都代表一类具体的色彩，由于同一类光波波长的细微差别，例如：绿色是主调，除此之外，还有粉绿、中绿、草绿、翠绿、橄榄绿等。又如，红色加白色混出明度、纯度不同的几个粉红色，若加黑可以混出几个明度、纯度不同的暗红色。色相的差别是由波长决定的。波长相同，则色相相同，波长不同则色相不同。色相的种类很多，可以识别的色相多达160个左右。

（二）明度

明度反映色彩的明暗程度，也可以称为光度、亮度、深浅度。明度是全部色彩都具有的属性，任何色彩都可以还原为明度关系来思考，它是搭配色彩的基础，最适合于表现物体的立体感和空间感。色彩的明度来源于光波中振幅的大小。色相的明度主要从两方面来分析：一种是同一种色相明度的变化，另外一种是各种色相之间的明度差别。同一种色相明度的差别因加入不同比例的黑、白、灰、而产生不同的变化。在同等光源下不同色相间的明度变化和差异导致红、橙、黄、绿、青、蓝、紫各纯色按明度关系排列起来可构成色相的明度秩序。

（三）纯度

纯度反映色彩纯净程度，指色彩的明亮、鲜灰程度，也有艳度、浓度、彩度、饱和度的说法。光谱中单色光即为最纯的颜色，当它加入黑、白、灰以及其他色彩时，纯度就会降低。颜料中的红、蓝、黄是纯度最高的色相。橙、紫等色在颜料中是纯度高的色相。纯度变化除受色相本身的波长影响外，也受人们心理的影响，人会因不同年龄、职业、性别、文化教育背景而对纯度的偏爱有较大的差异（见图3-80）。

图3-80　单色光的纯度、明度对比

三、色彩的表示体系

（一）色彩的分类

无色彩可分为彩色系与有彩色系。

无彩色系是指无论是光源的颜色、物体表面的颜色或透射光的色彩，都呈现出没有色相和纯度，只有明度的黑白灰及黑白两色相混的各种深浅不同的灰色系列。上述此类

图3-81　三角形的三个对等角色红、黄、蓝互相调出一个二次色，二次色又与每一原色调出一个复色，求得进一步的调和

颜色，在光谱中，也可称之为色彩。从物理学角度讲，无彩色系没有色相和纯度，只有明度变化。无彩色系中的黑色和白色，通过渐变呈现梯度渐变的灰色。

有彩色系是指光谱上呈现出的红、橙、黄、绿、青、蓝、紫，和它们之间若干色彩调和出来的色彩，以及由纯度和明度的变化形成的各色（见图3-81）。

色相、明度、纯度是有彩色系具备的三要素。当然，有彩色系与黑、白、灰按不同比例调配出的色彩仍属于有彩色系。

（二）色相环

不同研究者根据说明问题的需要将各种色彩进行环状排列而得到各种不同的色相环。通过色相环，可以清楚地看到色彩之间在明度、色相、纯度上的相互关系，从而解决基本的色彩调和、搭配（见图3-82）。

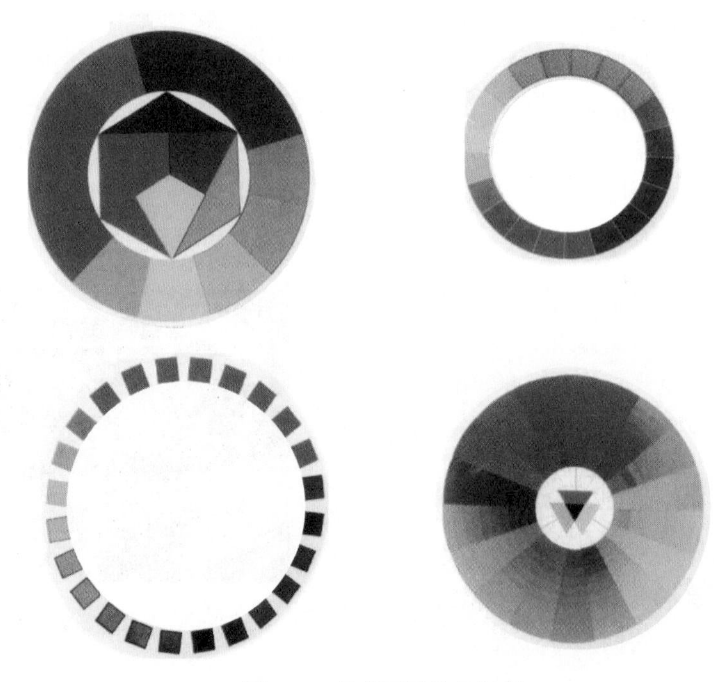
图3-82　几种不同的色相环

（三）色立体

为了更好地研究和应用色彩，一些色彩学家按照色彩的三属性，把色彩按一定秩序进行整理分类，形成有规律的排列，并借助三维空间的形式，组成一个可旋转的立体模型体现色彩的色相、明度、纯度间的关系，称之为色立体（见图3-83）。

色立体通过中心轴展开了中心轴及两侧的互为补色的一对色相，其中一侧为同一色相间组成的均等色相面。横向水平线上的色组为同一明度的纯度系列，纵向直线上的色组为同一纯度的明度系列。色立体因其外观的形状与树的形状相似，所以也称为色树。

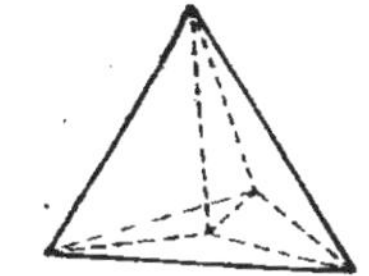
朗伯特(Lambert)金字塔(1772年)色立体

朗格(P O Runge)球形色立体(1801年)

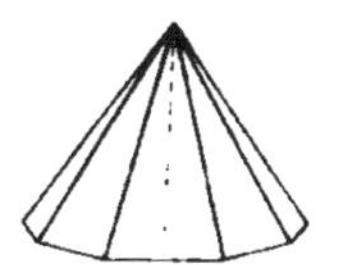
贝佑德(W V Bezold)形色立体(1876年)

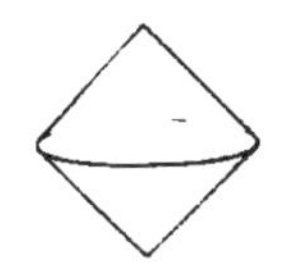
鲁德(O Rood)双重圆锥形色立体(1879年)

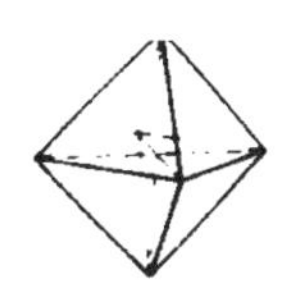
赫夫拉(A Hofler)双重金字塔形色立体(1897年)

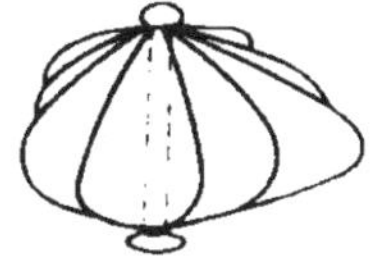
孟塞尔(A H Munseu)色立体(1905年)

奥斯特瓦德(W Ostwald)双重圆锥形色立体(1961年)

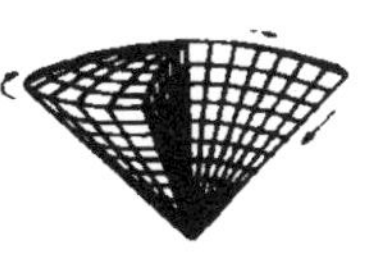
DN表色系色立体(1955年)

日本PCCS色立体(1964年)

图3-83　各种色立体

四、色彩原理

光、物体、物体的反射、透射是生成色彩的客观条件，而人类感受色彩必须具备视觉感受器——眼睛。因此，我们认识色彩就必须了解视觉器官的生理特征和功能。

眼球最前端是透明的角膜，光由这里折射进入眼球而成像。虹膜在角膜后面呈环形围绕瞳孔。虹膜内有锁孔肌和放孔肌两种肌肉控制瞳孔的大小。晶状体（水晶体）在眼睛正面中央，光射投进来以后，经过它折射给视网膜。而近视眼、远视眼、老花眼以及各种色彩、形态的视觉，大部分都是由于水晶体伸缩作用所引起。视网膜是视觉接收器的所在，含有大量的感光细胞。视网膜的锥状细胞感应红、绿、蓝原色光，可以感知色彩，柱状细胞对光线的明暗度有感知作用。锥状细胞和柱状细胞吸收光线后，将感觉刺激转换成信号，沿着中枢神经传达到大脑的视觉中枢，而产生色彩的感觉。

当一个人的锥状细胞产生病变或先天性功能不全时，便产生感色不足，称为色盲。锥状细胞对光线的感觉较迟钝，在较弱的光线下不起作用。柱状细胞对光线明暗的感应较敏感，因此在弱光下依然还可以接受刺激，辨别明暗。人的眼睛在固定的条件下能够观察到的视野角度的范围，称为视界。视界内的物体投射在视觉器官的中央凹时，物象清晰，视界外的物体则呈现模糊的状态，视界的宽窄范围运动，视觉中某些颜色会发生变化，红色和绿色偏黄，紫色偏蓝，在远距离中，对蓝色的知觉差。一般男性的视界不如女性，右眼的视界不如左眼的（见图3-84）。

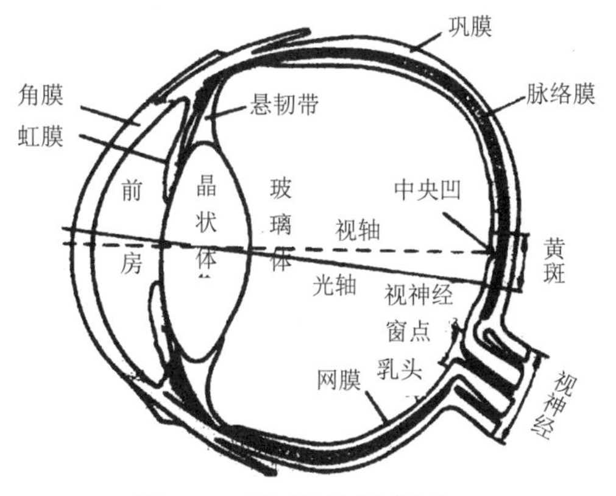

图3-84　眼睛构造示意图

五、色彩心理

色彩构成并不完全是理性的排序，有时色彩在某些程度上是有感情的，对人的心理及感觉有着微妙的影响。

（一）冷暖感

冷暖感实为触觉对外界的反映，久而久之由于经验及条件反射作用，使视觉变为触觉的先导。从生理及心理、条件反射的角度看，当看到红、橙、黄等色时就感到温暖。物理学认为，动态大、波长长的色彩成为暖色，动态小、波长短的色彩叫做冷色。当看到蓝、蓝紫、蓝绿时就感到冷。红、橙、黄能使观者心跳加快，血压升高，使人产生热的感觉。而蓝、蓝紫、蓝绿能使人血压降低，心跳减慢产生冷的感觉。色彩的冷暖感是物理、生理、心理及色彩本身综合因素所决定的。

（二）进退感

色彩的前进与后退的感觉与眼睛在接受光线刺激时，受光量的大小有很大的关系，光量大便对眼睛的刺激强，人便会产生耀眼、膨胀、前进的感觉。相反受的光量小，便会有灰暗、模糊、收缩、后退的感觉。色彩的光量是由反射光决定的。明亮的颜色，反射光线强，使眼睛受光量大，就有前进的感觉，如白、黄等色。而暗色反射光线弱，使眼睛受光量小，就有后退的感觉，如黑、紫色等。

（三）软硬感

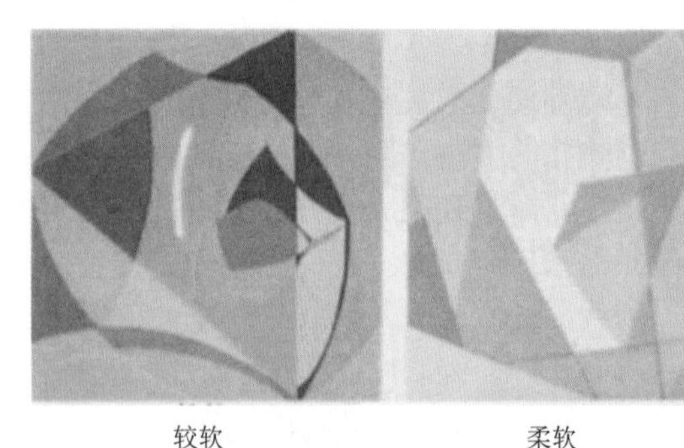
较软　　柔软

图3-85　色彩的软硬感构成

色彩的一些性质可以影响其质感。明度高、纯度低的色彩给人以柔软之感，明度低、纯度高的色彩给人的感觉坚强的感觉。黑白给人一种坚硬的感觉，而灰色则较有柔软感。暖色给人以柔和、冷色给人的感觉坚硬。色彩的搭配也会影响软硬感的传达。色彩对比强烈，就会给人以坚硬的感觉。色彩变化细腻微妙，对比弱，就会给人以柔软的感觉（见图3-85）。

（四）重量感

色彩的轻重感，是物体色与视觉经验结合而形成的重量感作用于人心理的结果。例如：黑白灰三种颜色的三个等大的箱子，黑箱子显得最重，灰色次之，白色最轻。由此可见，决定色彩轻重感的主要因素是明度，即明度高的色彩感觉轻，明度低的色彩感觉重。其次是纯度，在同明度、同色相条件下，纯度高的感觉轻，纯度低的给人感觉重。暖色调感觉重，冷色调感觉轻。质感细密坚硬的给人感觉重，表面疏松给人的感觉轻。

（五）兴奋与沉静感

当人处于红色调、暖色调的房子里，脉搏会加快，血压会升高，情绪表现兴奋，自信心提升，工作的热情也会提升。而在蓝色等冷色调的房子里，脉搏减缓，情绪也会比较稳定，精力比较容易集中，工作效率也容易提高。

（六）华丽感与朴素感

色彩既可以给人华丽雍容的感觉，又能给人以朴实无华的韵味。色彩对比较强的色彩组合给人以华丽的感觉，色彩对比较弱的色彩组合给人以朴素的感觉。纯度较高的色彩组合给人以华丽的感觉，色彩纯度较低的色彩组合给人以朴素感。在色彩的对比中，对比色给人的感觉最为华丽，邻近色给人以朴素的感觉。色彩的华丽与朴素还体现在对质感和肌理的合理运用上，表面光滑、闪亮的色彩呈现华丽的视觉感染力。表面粗糙、对比弱的色彩呈现出朴素的感觉（见图3-86）。

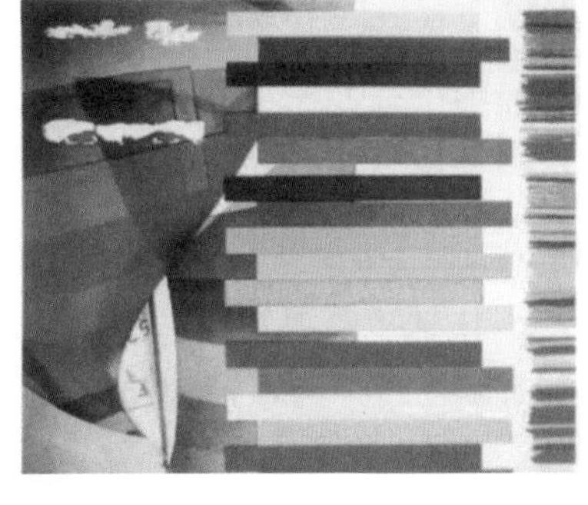

图3-86　纯度高，色相对比强的色彩感觉华丽

（七）味觉、听觉和嗅觉的通感

人的味觉主要通过舌头对各种食物的品尝来完成。一般来说，黄绿色、嫩绿色能传达出酸涩的联想感觉，冷灰、暗灰、白色使人联想到咸的味道。黄色让人想到蛋糕，蓝色让人想到矿泉水，黑色让人想到煤炭、石油等等，由这些常见的物体色彩，根据生活经验进而产生味觉和嗅觉体验，就是人对色彩的嗅觉和味觉感受。除此之外，颜色还可以表示对人、事物、事件的描述。比如：青涩年代、黑色事件、时尚气息等等，都可以通过色相的变化或者纯度、明度的变化得到体现。

六、色彩联想

色彩联想与色彩心理有紧密联系。色彩联想分为具象联想与抽象联想。色彩联想是人脑的一种积极的、逻辑的、富有创造性的思维活动过程。当我们看到色彩常常想起以前与该色彩有关系的事情、人物，进而产生相应的情绪变化，称之为色彩的联想。

具象的联想指联想到具体的、有确切意义的实物，会受到年龄、性别、经历等的影响。

如红色可联想到火、血、太阳等；橙色可联想到灯光、秋叶等；黄色可联想到柠檬、迎春花等；绿色可联想到草地、树叶、禾苗等；蓝色可联想到大海、天空、水等；紫色可联想到丁香花、葡萄、茄子等；黑色可联想到夜晚、墨、炭、煤等；白色可联想到白云、白糖、面粉、雪等；灰色可联想到乌云、草木灰、树皮等。

抽象的联想：如红色可联想到热情、危险、活力等；橙色可联想到温暖、欢喜、嫉妒等；黄色可联想到光明、希望、快活、平凡等；绿色可联想到和平、安全、生长、新鲜等；蓝色可联想到平静、悠久、理智、深远等；紫色可联想到优雅、高贵、庄重、神秘等；黑色可联想到严肃、刚健、恐怖、死亡等；白色可联想到纯净、神圣、清净、光明等；灰色可联想到平凡、失意、谦逊等。

七、色彩调和设计

色彩调和，是指两种或两种以上强烈刺激的、无序的、不调和或无调性的色彩，经过处理，能使之统一和谐地组织在一起。其色调能使人愉悦，并能满足人的视觉需求和心理平衡的色彩搭配，叫作色彩调和。

不调和的色彩组合常常表现为：多个面积相似，又无主次的色相组合；色相既不明确，色彩纯度又很低的色彩组合；或几种毫无内在联系的色相组合。

在生活中，人们发现了一种能使不调和的色彩变成调和的色彩的现象。例如，拍照前大家的服装色彩五颜六色，毫无联系，又不协调。而当照片出来时，照片上的颜色却显得十分和谐统一。这是同一色光的作用，叫做同一调和。设计师和艺术家们通过总结，发现了许多能使色彩调和的方法。

（一）单色调和设计

所谓单色调和，是运用统一色光的原理，使两色或多色混入同一种颜色，实现色彩调和的方法叫做单色调和，也叫同一调和。

图3-87a是一个由红、绿、蓝、黄等四种颜色组合的色彩设计。由于每个色彩的纯度都很高，对比又强，面积也很接近，所以这个色彩组合就显得十分不协调。

图3-87b用单色调和的方法，将红、绿、蓝、黄等四种颜色分别加入同一种紫色，构成被紫色光笼罩下的红、绿、蓝、黄等四色效果，使不调和的色彩变得十分调和。

图3-87c是将红、绿、蓝、黄等四种颜色分别混入同一种赭石色后，所构成的在赭石色光笼罩下的色彩效果。

图3-87d是将红、绿、蓝、黄等四种颜色分别加入同一橙色的色彩效果。

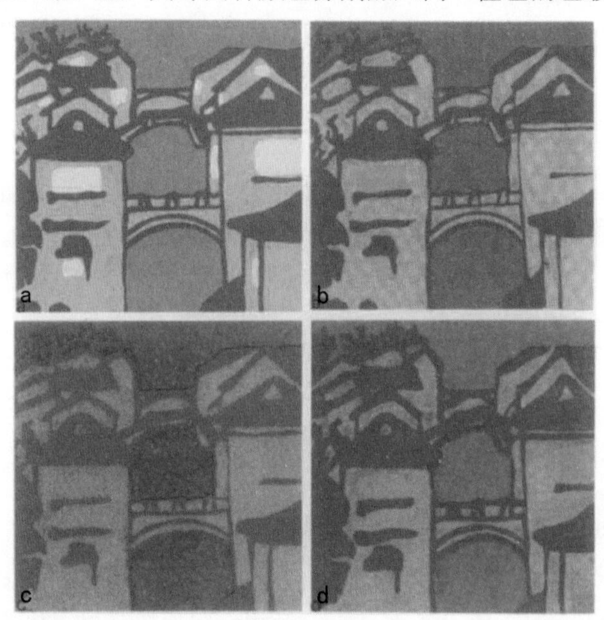

图3-87　单色调和构成设计作品之一

单色调和的设计，也叫混入同一色的设计。顾名思义，是将图案中两色或多色混入同一种颜色的设计，它追求同一色光下的调和效果（图3-88）。这种调和方法的实用性很强，常用来作为图案设计的色彩处理手段。

（二）两色调和设计

两色调和又叫互混调和，也可以说是一种混入间色的调和。当两种颜色的组合十分不协调时，可以在两色中加入少许各自对方的颜色，形成互混，使双方发生相通关系。如，红色与蓝色是120°的反对色关系。我们用两色调和的方法后就会发现，红色加入少许蓝色变成紫味红，蓝色加入少许红色后变成带有紫味蓝。紫色不仅是间色，在这里也是联系红色和蓝色的关系纽带，成为红色和蓝色相互靠近要素，使互为对立的红、蓝两色和谐相容（见图3-89）。

图3-88　单色调和构成设计作品之二　　图3-89　两色调和构成设计作品

（三）三色调和设计

三色调和是指三个纯色之间有规律的调和。它又是多色调和，或纯色、间色和复色之间多层次的调和。

其调和的方法是，首先把十分不协调的纯红、纯黄和纯蓝置三角形图形的一个顶端。然后将红色和黄色混合成橙色，将黄色和蓝色混合成绿色，将蓝色和红色混合成紫色。其结果得到了橙、绿、紫三个间色，并将它们放置于图形的角落之间。最后，在剩下的三个图框中放置与其相邻三色的混合色。这三色的混合色是次复色，又叫再间色（见图3-90、图3-91）。

用这种方法作色彩调和设计，可以形成每个纯色和与其相邻的颜色间所构成的色彩组合，都是十分协调的配色，并且富有色彩纯度的变化和层次感。因此，三色调和的构成设计，实际是一种在纯色、间色和再间色之间进行的多层次的纯度递变的构成设计（见图3-92）。

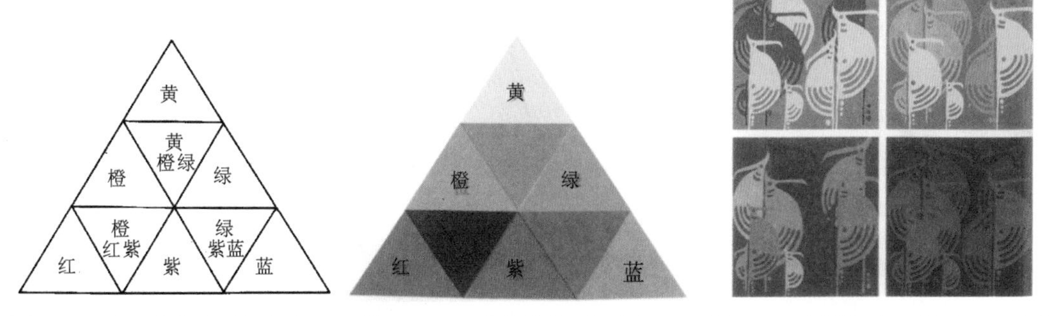

图3-90　三色调和的示意图之一　图3-91　三色调和的示意图之二　图3-92 三色调和的构成设计——鱼鹰

（四）纯色与黑、白、灰调和设计

为了使不协调的纯色之间的对比变得和谐，常常用在各纯色之中混入黑、白、灰的方法做色彩的调和，叫做纯色与黑、白、灰的调和(图3-93)。

图3-93　纯色与黑、白、灰调和的构成设计

（1）混入白色的调和：两种或两种以上艳丽的纯色的搭配，会感觉不协调。混入白色后使之明度提高，纯度降低，得到浅淡而朦胧的调和的色调。混入的白色越多，调和感越强。

（2）混入灰色的调和：在尖锐刺激的纯色的双方或多方，混入同一灰色，使纯色的纯度降低，明度向灰色靠拢，色相感减弱。能使整个色调变得含蓄、高雅，而且混入的灰色越多，色彩的调和感就越强。

（3）混入黑色的调和：在两种或两种以上艳丽的纯色中，同时混入少许黑色，会使纯色的明度降低，纯度减弱，在色相方面有时还会发生色性的变化，能使整个画面的对比度明显减弱，变得十分和谐。

纯色与黑、白、灰调和的设计，是在由纯色组合成的色彩中分别混入黑、白、灰色的调和色彩，也是一种同一调和的构成形式。

（五）重复调和设计

在使用较多的纯色时，特别是当这些纯色又都十分孤立地存在的条件下，画面会很不协调。把原有的纯色通过处理，重复作用在画面上，使之与原有纯色相呼应，达到和谐统一的方法，叫做重复的调和。

例如图3-94，原设计图案使用的是纯度较高的大红、橙、蓝、浅绿、黄和紫色，我们可以在这种颜色的基础上混入灰色，调出纯度降了级的含灰度的大红、含灰的橙色、含灰的蓝色、含灰的浅绿、含灰的黄色和紫色等一组相对应的灰色调，使画面出现不同层次的两组或多组重复的色彩，因此，画面就会变得协调一致了（见图3-95）。重复调和的构成设计，它将原有较多而又孤立的纯色组合，用混入单一色的方法处理后，与原有的较纯的色彩一起，共同组织到同一画面上，形成色彩重复的艺术表现形式，使孤立的不再孤立，使纯色有了能与之相呼应的、而纯度和明度又不同的色彩层次，使整个画面变得非常统一和谐。

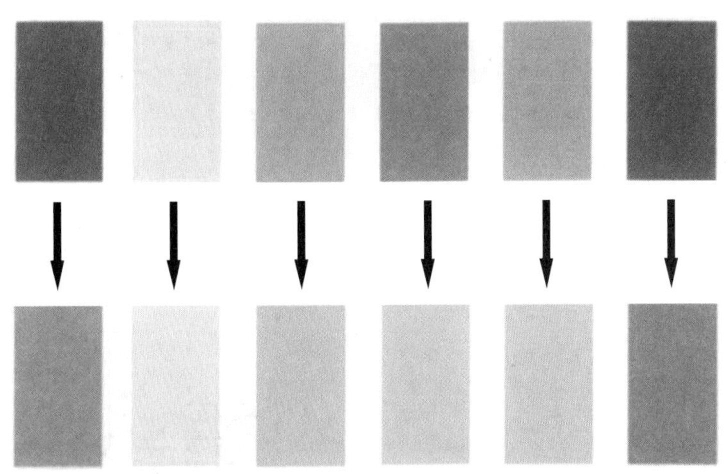

图3-94　重复调和的示意图

图3-95　重复调和的构成设计

（六）分割调和设计

分割调和，是一种从民族传统装饰艺术中借鉴而来的色彩调和的方法。当我们面对民间艺术时，无比惊异其大胆的用色方式。在他们的作品里，色彩纯度的使用达到了顶点。整个画面的色彩鲜明、亮丽又十分和谐。究其原因，主要是使用了黑、白、金、银、红等颜色，并通过勾边、衬底等方法分割和协调画面，是一种分割的调和。

这里强调，无彩色系里为什么要包含红色？因为红色是一种十分特殊的颜色。它与黑色和白色都是人类最早使用的原始色，红色具有与黑色和白色相同的包容性和永固的品质。黑、白、红被称做极色。如果我们拿出红、黄、蓝、绿等几种颜色，同时让小孩辨认时，小孩在几种色彩中首先能记住和辨认的就是红色。

在这种被分割调和处理过的画面里，在浓烈的纯色之间，不再发生任何色彩对比关系。色彩中的任何排他性都被无彩色的分割色收敛，浓烈、饱和的艳丽之色只剩下个性的无限发挥。这正是民间艺术的色彩生命力所在，也是具有传统方式的分割调和的魅力所在。

八、自然色彩的设计

研究自然色彩的主要目的，是在自然界中努力寻找那些使人振奋和愉悦的结构形式，并对其特定的色彩组合结构进行更加深入的探究。

（一）自然色彩的价值

一个变化万千的世界，蕴涵着神秘的自然色彩奇境。面对自然，文学家衷情于用文字书写它的神秘变化，音乐家用音符演奏其韵律的变迁，而设计师则是更衷情于寻找自然中色彩表现的存在价值，从自然中采集抽象色彩世界的精神和规律。

大自然中，天、地、山、川、动植物和矿物的斑斓色彩，以及春、夏、秋、冬、阴、雨、晴、雪，变幻无穷的色彩，都为我们学习色彩、认识色彩和表现色彩提供了取之不尽的素材，这正是自然色彩的魅力和价值所在。

（二）自然色彩的采集归纳

设计师对自然色彩的采集归纳，与画家表现自然的绘画有很大不同。绘画色彩一般包含写实性色彩和装饰性绘画色彩。绘画中带有装饰性的色彩写生或装饰性绘画，只不过是使写生的色彩具有一定的装饰性。而设计师在对自然色彩的采集或归纳的过程中。采集的目的在于归纳，是为重构收集素材，服务于色彩设计；而归纳具有整理的理念，是训练设计师统摄思维和创造表现力的一种手段。它使设计师在复杂的色彩环境中，能找出表现其感情和精神的色彩本质。

图3-96～图3-99是写实性绘画、装饰绘画，以及装饰画和装饰色彩中的色彩采集归纳等风格各异的作品。

图3-96　写实性绘画的色彩表现　张京生

图3-97　装饰性绘画的色彩表现　苏华

图3-98　装饰色彩的表现
[格鲁吉亚]玛娜娜·吉基卡施维里

图3-99　装饰色彩的采集与归纳的表现

第四章 手绘园林效果图

第一节 基础训练

一、工具介绍

园林景观设计手绘效果图的目的在于表现设计者的构思，表现的方法很多。只要能表达设计意图，用什么表现手法都可以。如钢笔、彩色铅笔、水彩、水粉、喷绘、色粉笔、马克笔、水溶性铅笔等。只要快捷、简便、直观就行。

园林景观设计手绘要选择掌握的就是钢笔（美工笔、签字笔）、水溶性彩铅、马克笔等，其中马克笔分油性、水性两种。纸张多选A3、A4复印纸、素描纸、彩色打印纸、硫酸纸及色纸均可。在初始练习透视时，也会用到尺子。

现在多综合利用手中工具，来实现手绘图的绘制。油性马克笔与水溶性铅笔常一并兼用（见图4-1）。

图4-1　综合利用工具

二、透视制图

透视是“线条、透视、色彩”中很重要的一个环节，线条与色彩只是外表的“形”和“着装”，即使二者表现得再好，但透视的“体”不对，那么整幅作品仍然是失败的。

透视是将三度空间的形体，转换成具有立体感的二度空间画面的绘图技术。自然景观中都有高、宽、深三度空间，而纸张只有高、宽两度，要把深度表现出来，还原于自然景观中的纵深感，就需要用透视原理来表现（见图4-2）。

在学习透视作图之前，首先需要了解透视常用的专业术语及符号，如图4-3所示。

（1）基面G　放置景物的水平面，相当于投影面H；

（2）画面P　透视图所在的平面。画面一般垂直于基面，画面在基面上的正投影用pp表示；

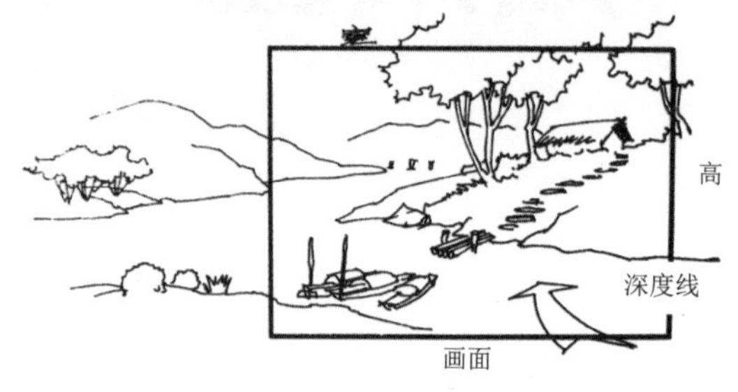

图4-2　透视表现

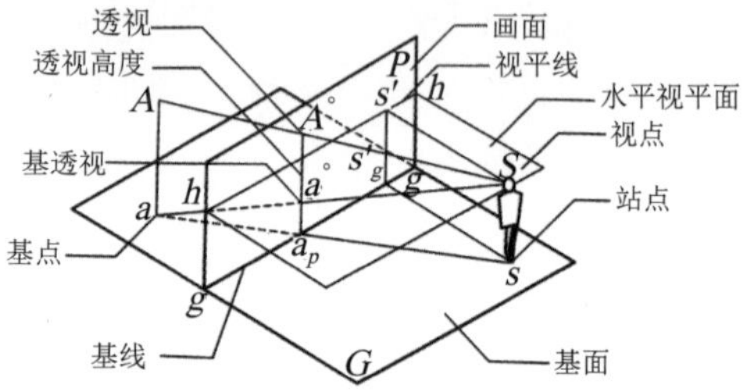

图4-3　透视术语与代号

（3）基线gg　基面G和画面P的交线；

（4）视点S　相当于人眼所在的位置，即为投射中心；

（5）站点s　视点S在基面上的正投影，相当于观察者的站立点；

（6）主视点s'　视点S在画面上的正投影，又称视中心点、心点；

（7）视线　视点S与所画景物各点的连线；

（8）主视线Ss'　视点S与心点s'的连线，又称中心视线；

（9）视高Ss　视点S到站点s的距离，即人眼的高度；

（10）视距　视点到画面的距离；

（11）视平面　过视点S所作的水平面；

（12）视平线hh　视平面与画面的交线；

（13）透视　空间任意一点A与视点的连线（即过点A的视线SA）与画面的交点就是空间点A在画面上的透视，用A°表示。

（14）基透视　空间任意点在基面上的正投影a称为空间A点的基点。基点a的透视a°称为基透视或次透视；

(15)透视高度　空间点A的透视A°与基透视a°之间的距离$A^\circ a^\circ$为A的透视高度，且始终位于同一铅垂线上；

（16）真高线　如果A在画面内，这样Aa的透视就是其本身。通常把画面上的铅垂线称为真高线；

（17）迹点　不与画面平行的空间直线与画面的交点称为直线的画面迹点，常用字母T表示。迹点的透视T°即其本身。直线的透视必然通过直线的画面迹点T，如图4-4所示。其基透视t°在基线上。直线的基透视也必然通过迹点的基透视t°；

（18）灭点　直线上距画面无限远的点的透视称为直线的灭点，常用字母F表示。如图4-4所示，欲求直线AB的灭点，也就是求其无限远点F_{∞}的透视F。自S向无限远点引视线$SF_{\infty}/\!/AB$，与画面相交于F点，F点即AB的灭点。直线AB的透视一定通过其灭点F。

直线的灭点有如下规律：

①相互平行的直线只有一个共同的灭点。$CD/\!/AB$，其灭点均是F。

②垂直于画面的直线其灭点即主视点。

③与画面平行的直线没有灭点。

④基面上或平行于基面的直线即水平线的灭点必定落在视平线上。

（19）全透视　迹点与灭点的连线称为直线的全透视，直线的透视必然在该直线的全透视上。如图4-4所示，TF为直线的全透视，$A^{\circ}B^{\circ}$必在TF上。

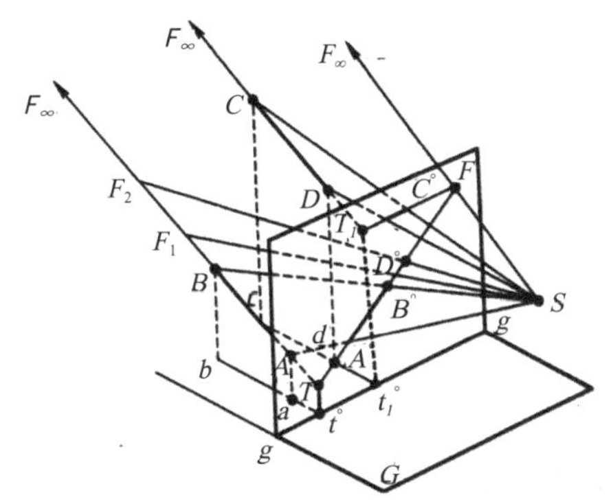

图4-4　直线的迹点、灭点、全透视

（一）透视图基本画法

随着形体与画面的相对位置的改变，形体长、宽、高三组主要方向的轮廓线可能与画面平行或相交。由于平行于画面的直线没有灭点，而与画面相交的直线有灭点。据此，可以将透视图分为一点透视、两点透视、三点透视三大类，因三点透视图作法较烦琐，且在园林设计表现中很少用，因此，在此只学习一点透视图和两点透视图的画法。作图的步骤是：先求出形体的基透视图，再利用真高线画出各部分高度，从而完成整个形体的透视作图。在作图时根据作图原理的不同，又有各种方法，下面介绍其中的视线法。

视线法作图原理就是中心投影法，即过投射中心S作一系列视线（投射线）与实物上各点相连，这些视线与画面（投影面）相交，得到各投影点，将各投影点相连而成的图形就是该形体的透视图。

1. 视线法作图原理

如图4-5（a）所示，假如空间有一点A，现用视线法求它的透视。首先连视点S与A得视线SA，与画面P交于A°点，A°即为A点的透视。对此，可以这样分析，A的水平投影是a，连Sa与画面相交得a°，由于Aa垂直于基面，Ss垂直于基面，则$SsaA$为垂直于基面的四边形平面。画面P也垂直于基面，因此，$SsaA$与画面的交线$A^{\circ}a^{\circ}$也垂直于基面，即$A^{\circ}a^{\circ}$垂直于基线gg。现将主视点s'和A在画面上的正投影a'相连，$s'a'$实质上是视线SA在画面上的正投影，因此，交点必是同一点A°。同理，视线Sa在画面上的正投影是$s'a'_g$，a°也必在其上。

如图4-5（b）所示，将画面和基面分开，上下对齐画出，已知视高L_1即画面上视平线与基线gg的距离，视平线hh与基线gg确定了画面，以后作图时不再画出画面边界线。在基面上，视点S的位置与视距即基面上站点s到画面的水平投影pp的距离，pp与gg实质上是同一条线，同样，站点s与基线pp确定了基面，a是A的基点。以后作图时不再画出基面边界线。

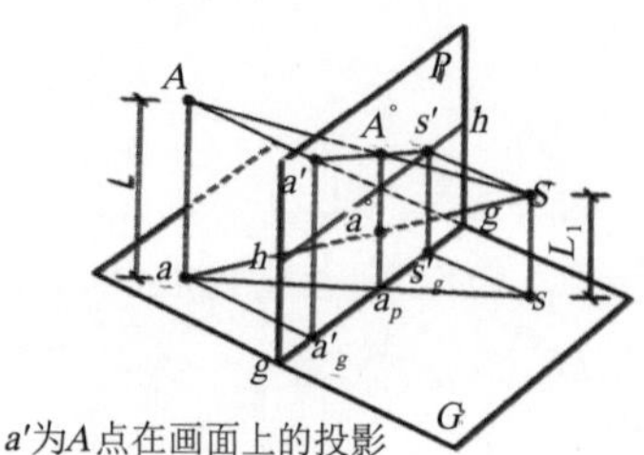

a'为A点在画面上的投影
a为A点在基面上的投影
a°为视线Sa与画面的交点
a'_g为a'在基面上的投影或a在画面上的投影

（a）空间分析

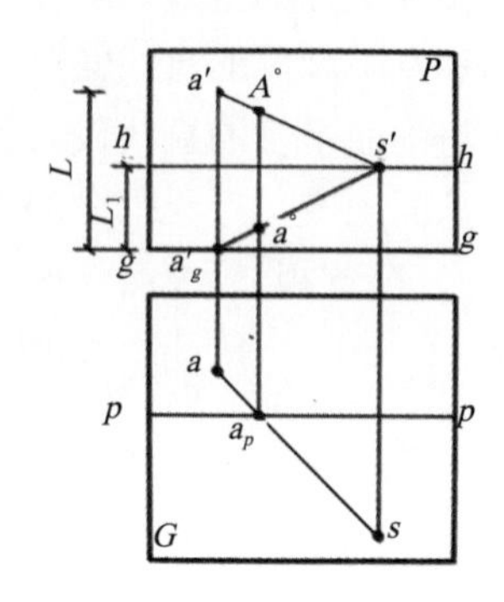

（b）将画面和基面分开

图4-5　视线法作图原理

作图：在基面上连Sa与pp相交得a_p点；在画面上根据a和L找到A和a的投影a'和a'_g（在基线上）及心点s'，然后连接$s'a'$及$s'a'_g$；由a_p向上作垂线，与$s'a'$相交即得透视A°点，与$s'a'_g$相交即得基透视a°点。画面上的铅垂线$a'a'_g$就是点A的真高线。

2. **视线法作图的方法**

（1）作图：如图4-6所示，已知基面上的平面$abcd$及画面的位置、站点、视高，用视线法求平面的透视。

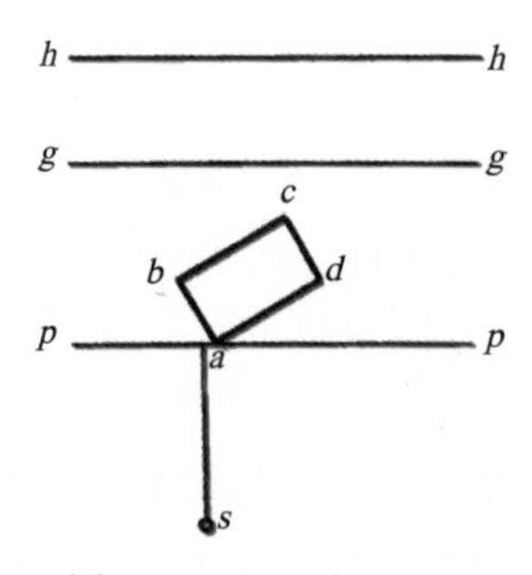

图4-6　已知条件

作图步骤如下：

①作迹点。由于a点在画面上，故a为ab、ad的迹点。由a向上作垂线，交gg于a°，a°为a的透视，又是ab、ad的迹点透视。

②求灭点。过s分别作ad、ab的平行线，交pp于f_1和f_2，由f_1 、f_2向上作垂线交hh于F_1、F_2， F_1为ad和bc的灭点，F_2是ab和dc的灭点。

③作全透视。连$a^\circ F_1$和$a^\circ F_2$。

④连视线。连视线sd和sb分别交pp于d_p、b_p两点，由这两点向上作垂线，交$a^\circ F_1$

及$a^{\circ}F_2$分别为d°及b°。

⑤ 交基透视。连$d^{\circ}F_2$和$b^{\circ}F_1$，两线相交于c°，则$a^{\circ}b^{\circ}c^{\circ}d^{\circ}$为所求$abcd$的透视。

（2）作图：已知如图4-7所示的形体及画面的位置、站点、视高，用视线法求立体的透视 。

作图步骤如下：

①作基透视。即作$a^{\circ}b^{\circ}c^{\circ}d^{\circ}$，方法见上例。

②确定透视高度。由于A点在画面上，A的透视高度反映真实高度，量取$A^{\circ}a^{\circ}$等于形体的高度H_1，得到上顶面的A°点。

③作出顶面的透视$A^{\circ}B^{\circ}C^{\circ}D^{\circ}$。连$A^{\circ}F_1$和$A^{\circ}F_2$，过$b^{\circ}$、$d^{\circ}$点分别作铅垂线交$A^{\circ}F_1$和$A^{\circ}F_2$即得$B^{\circ}$、$D^{\circ}$，再连$B^{\circ}F_2$和$D^{\circ}F$交于$C^{\circ}$。

④加深形体外形轮廓，完成作图，如图4-8所示。

（3）作图：已知如图4-8所示的形体及画面的位置、站点、视高，用视线法求立体的透视。

分析：空间点的透视高度是利用真高线的概念求作的。即点在画面上时，点的透视高度反映点的空间高度。

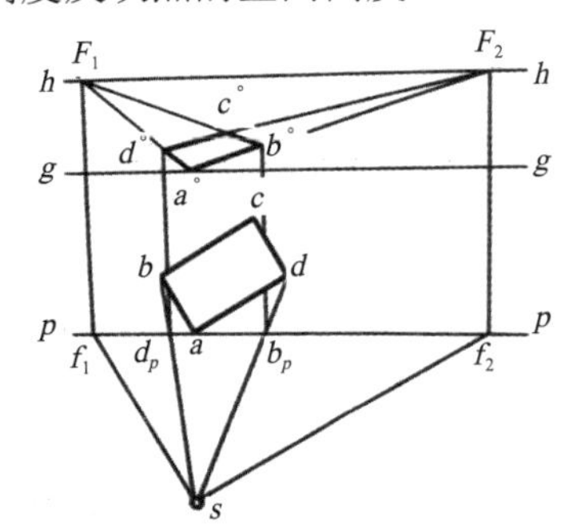

图4-7　视线法作图

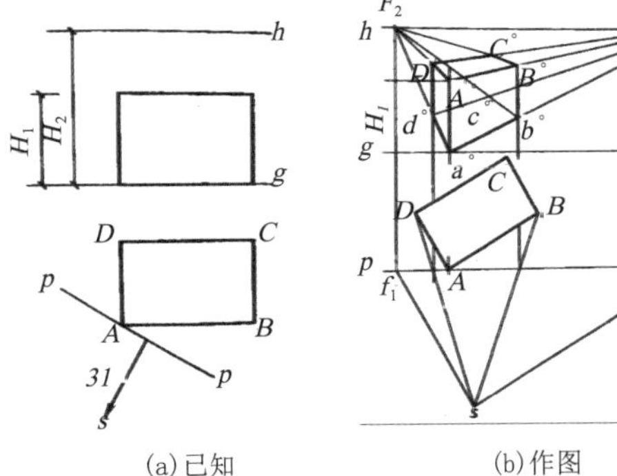

图4-8　形体的透视

3. 集中量高线

假如空间四棵树木的高度分别为GA、GB、GC、GD，它们的基透视位置分别为A'、B'、C'、D'，如图4-9所示，求作树木的透视高度。

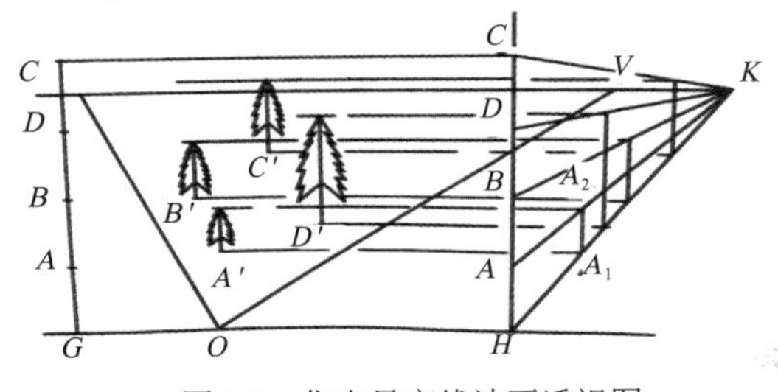

图4-9　集中量高线法画透视图

作图步骤：

①在不影响透视图画面的情况下，在基线上任取一点H，过H作铅垂线，截取树木真高得HA、HB、HC、HD，在视平线上任取一点K，连接HK；

②由A'点作水平线，与HK交于A_1点，过A_1作铅垂线KA于A_2点，A_1A_2即为此株树木的透视高度，可由A_2向回引水平线，再过A'点作铅垂线，画出树木轮廓，则得树木的

透视图；

③重复上述步骤，画出其他树木的透视图，图中HC就为集中量高线，在作园林透视图时经常用到。

（二）圆的透视

圆的平面与画面的位置不同，其透视也各不相同。

1. 平行于画面的圆面的透视

当圆周平面在画面上时，其透视为其实形。当圆周平面平行于画面时，其透视仍为圆，但直径缩小。作圆周平面平行画面的透视较容易。如图4-10（a）所示，设圆与基面相切，在基线上定出切点A，然后向上作垂线，据圆的半径求得圆心O。过圆心作其透视方向线，并据圆周离画面的距离求作圆心的透视O°及透视半径，从而完成圆周平面平行画面的圆的透视，图中的M、F两点可由凉点法确定。

2. 不平行于画面的圆平面的透视

圆周平面不与画面平行时，常用八点圆的方法来求作圆的透视。即利用圆周的外切正方形与圆的切点及圆的外切正方形的对角线与圆的交点来求圆的透视的方法。

如图4-10（b）所示为水平圆的透视作法。

（1）首先求作圆的外切正方形的透视及对角线和中线的透视。中线透视与正方形透视的交点为圆与正方形四个切点的透视；

（2）在基线上，作一辅助半圆。然后过辅助半圆的圆心作两条45°线与半圆相交，过交点向上引垂线与基线相交于A、E，再分别过A、E作透视方向线与对角线透视相交，其交点即为对角线与圆相交的四个点的透视；

（3）将四个切点和四个交点的透视点用光滑曲线连接起来即为圆的透视。

图4-10（c）所示为铅垂圆的透视，作法与水平圆类似。

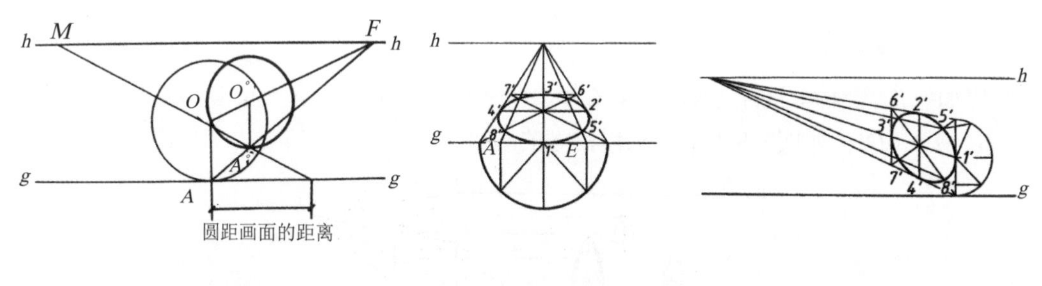

(a)平行于画面的圆的画法　（b）水平圆透视画法　（c）铅垂圆透视画法

图4-10　圆的透视画法

（三）视点、画面的选择及视高的确定

为使透视效果图形象逼真，能够较全面反映景物的真实性，作图时应适当选择视点、画面与景物的相对位置，如图4-11所示。

1. 先选择画面的位置

一般选择pp与景物两直角边成30°、60°角，即长边或景物主要观赏面与画面成30°角。

2．选择站点位置

（1）自景物两角向pp作垂线，初步框定透视图的宽度范围B，再将B二等分和三等分；

（2）在中间1/3和1/2线段范围内取合适的点作pp作垂线，确定主视线（中心视线），在主视线上量取线段为B长的1.5至2倍，确定站点s，则视点、画面的位置基本确定。

3．确定视高

一般人的身高是1.5～1.8m。根据建筑物的相对高度确定视高使视平线一般取在建筑中下部1/3处。

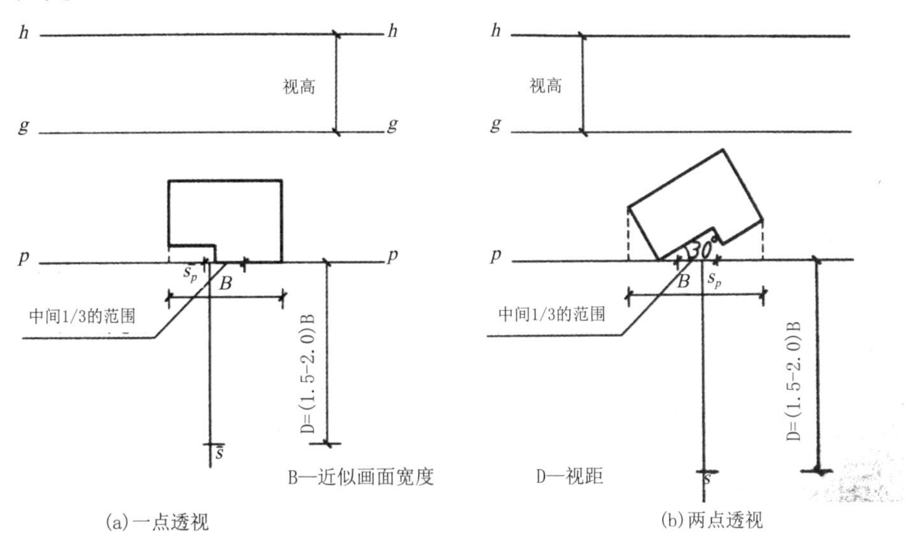

图4-11 视点与物体相对位置的选择

（四）视平线对画面影响

1.视平线偏低　视平线位置低，地面物象面积小，透视感强，场景有气势，适宜表现近中景观，如图4-12所示。

2.视平线居中　地面物体面积增大，要表现的内容也增多，适宜表现中型场景。如图4-13所示。

3.视平线偏高　视平线升高，地面物象面积随之增大，表现空间内容也越来越多，能直观地表现地貌，与之相关的配套设施一览无遗，如图4-14所示。

图4-12 视平线偏低　　图4-13 视平线居中　　图4-14 视平线偏高

（五）灭点位置对画面影响

灭点偏左或者偏右，是根据在透视图中所需要表现的主体景观来决定的，如果所需表现的物象在画面中偏左，那么灭点偏右，反之也是如此，如图4-15所示。

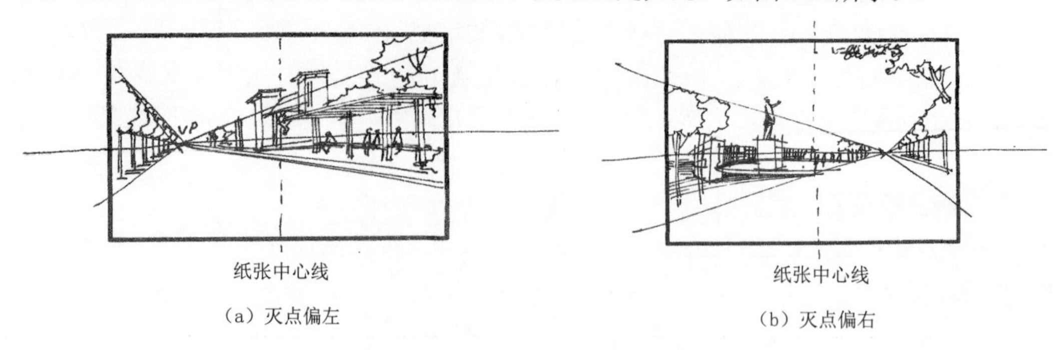

（a）灭点偏左　　（b）灭点偏右

图4-15　灭点位置对画面影响

（六）鸟瞰图的画法

鸟瞰图一般是指视点高于景物的透视图。

对园林设计来说，用网格法作鸟瞰图比较实用，尤其对不规则图形和曲线状景物作鸟瞰图更为方便。

1.　一点透视方格网画法

如图4-16(a)所示，已知方格网、画面、站点、视高，求作方格网的一点透视图。

作图步骤：

（1）作出基线gg、视平线hh，根据已知条件，在基线上适当位置画出O点，确定心点s'及距点M（一点透视中的量点称为距点）的相对位置，以方格网每格边长d量取1、2、3…各点与S相连，画出方格网一组平行线的全透视，如图4-16(b)所示；

（2）连接OM，过OM与$S1$、$S2$、$S3$…各线的交点作水平线，完成方格网透视图，如图4-16（c）所示。

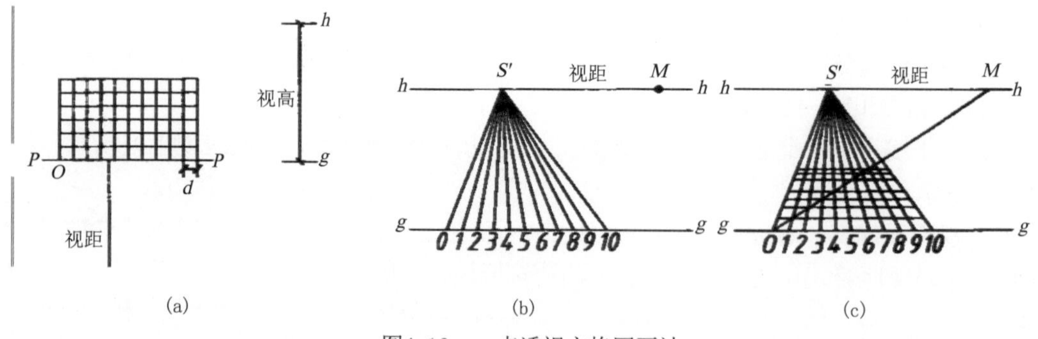

(a)　　(b)　　(c)

图4-16　一点透视方格网画法

2.两点透视方格网画法

在全园透视中，由于建筑物比较多，而且体积较大，因此，视距相对也较大，往往使两个灭点较远，绘图时一般采用以下步骤来找灭点、量点和网格对角线的灭点，具体步骤如下：

（1）确定合适的画面PP，如图4-17（a）所示；

（2）在图纸下方适当位置画出一条水平线并在其上取一点O，以O为圆心，任意长为半径画圆，与水平线交于灭点f_1和f_2。根据偏角在圆周上定出站点s。分别以f_1、f_2为圆心，f_1s、f_2s为半径画圆弧与水平线交于量点m_1和m_2，如图4-17（b）所示；

（3）过O作铅垂线与圆周交于k，连sk与水平线交点即为45°线灭点f_d。在圆周内定角点$O°$ 使得$<f_1O° f_2$约等于120°，过$O°$作水平线为基线pp。连接$O°f_1$、$O°f_2$、$O°m_1$、$O°m_2$、$O°$fd，如图4-17（c）所示；

（4）在图纸上方画视平线hh，$O°f_1$、$O°f_2$、$O°m_1$、$O°m_2$、$O°f_d$的延长线与视平线的交点F_1、F_1、M_1、M_1、f_d即为所求灭点和量点，如图4-17（d）所示；

（5）作网格的透视：在透视图上确定网格的宽度，应使透视网格位于允许的误差范围内。然后利用对角线的灭点和两量点完成作图，如图4-17（e）所示。

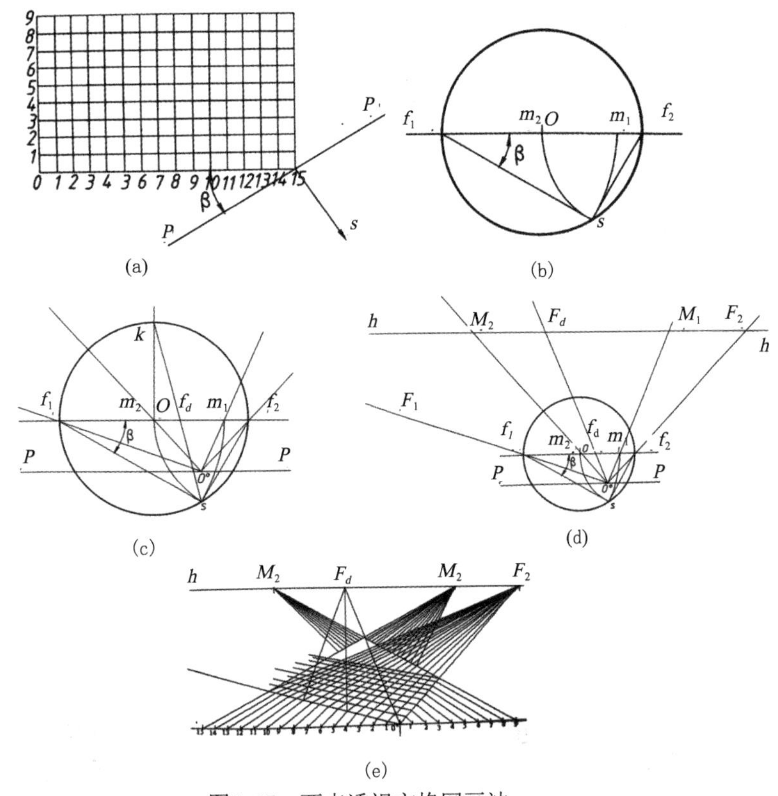

图4-17　两点透视方格网画法

3. 网格法作鸟瞰图基本方法

（1）掌握了网格的透视画法就可用网格法来作鸟瞰图。其基本步骤为：

①首先在基面上确定画面、视点，求出灭点、量点；

②利用前述方法绘制与平面网格相应的网格透视图；

③目估景物各控制点在方格网上的位置，并按照透视规律将它们定位到透视网格相对应的位置上，即得景物的基透视图；

④在基透视的一侧作一集中真高线。根据各景物在基透视中的位置按照透视规律，求作各景物的透视高。然后运用表现技法加深景物、擦去网格线及一些看不到的线，最终完成鸟瞰图。

（2）作图　如图4-18所示，已知园景的平面和立面，观察者的视高和视点及画面位置。求作该园景的一点透视鸟瞰图。

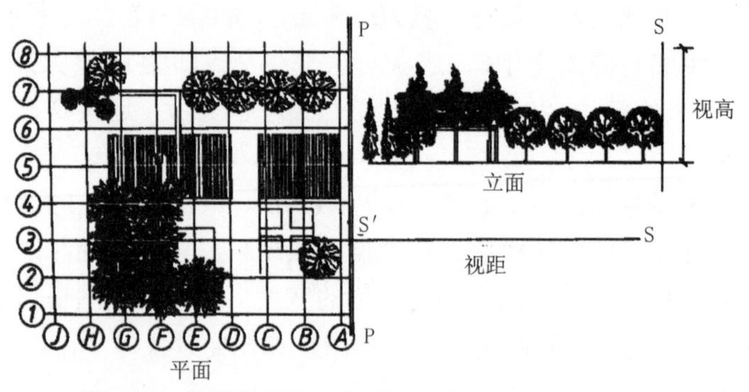

图4-18　园景的平面、立面及视高、视点和画面位置

作图步骤如下：

①根据园景平面图的复杂程度确定网格的单位尺寸，并在园景平面图上绘制方格。为了方便作图，分别给网格编上号。通常顺着画面方向即网格的横向采用阿拉伯数字编号、纵向采用英文字母来编号；

②定出基线*gg*、视平线*hh*和主视点*s′*；

③在视平线*hh*上于*s′*的右边量取视距得量点*M*。按一点透视网格画法，把平面图上的网格绘制成一点网格的透视图；

④按透视规律，将平面图上景物的各控制点定位到透视网格相对应的位置上，从而完成景物的基透视图；

⑤在网格透视图的右边设一集中真高线，借助网格透视线分别作出各设计要素的透视高，如图4-19所示；

⑥运用表现技法绘制各设计要素，然后擦去被挡部分和网格线，完成园景的一点透视鸟瞰图，如图4-20所示。

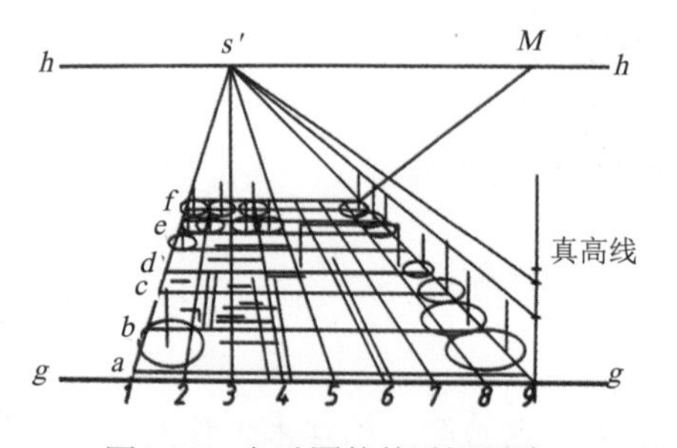

图4-19　鸟瞰图的基透视画法

图4-20　鸟瞰图

按透视原理，完全用尺、笔绘制一幅园林景观效果图，不但原理复杂，而且操作繁琐、需要资料齐全，费时费力，有时还影响思考。在实际上工作中，往往只用尺、笔确定大体轮廓骨架，而对细节局部采用徒手画，而舍弃尺规。当然，徒手画功力越好，尺规就用得越少。

三、基础线条练习

（一）持笔方式及坐姿

绘图时，两手平放在工作台上，画者放松、坐稳，身子不能前倾受力，两腿自然着地，眼纸间距1尺左右，灯源在左上方较宜。具体持笔方式如图4-21所示。持笔方式前伸，如握手状，与写字持笔姿势不一样。左右画线，手的左右两边保持一定的观察距离，上下画线，则手腕微弯。

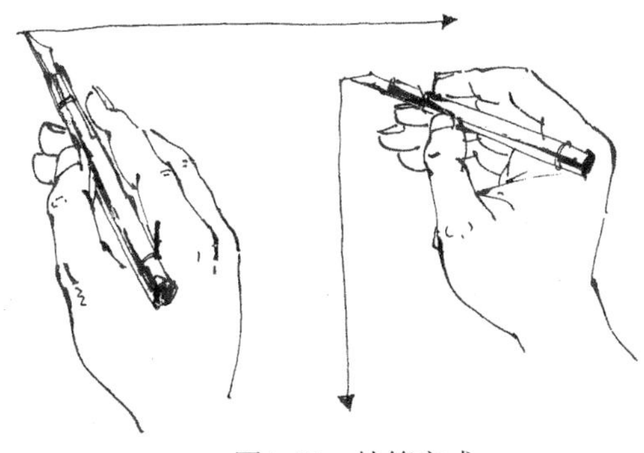

图4-21　持笔方式

（二）长线及基本线练习

练习长线时，眼盯笔尖运行，余光以纸边横、直边沿线为参考。接线时，隔开一点续笔，达到笔断意不断的效果，如图4-22所示。

徒手绘制直线分“快”、“慢”两种表现方法。快画法形成画面风格挺拔、流畅、帅气洒脱，用得较多，但对绘者能力要求较高，练者可由慢至快，由短到长，起笔、收笔适当加强压笔力度；慢画法形成线条呈颤抖的细小波纹，容易控制线的走向，画时要屏住呼吸，往往在初练时采用。

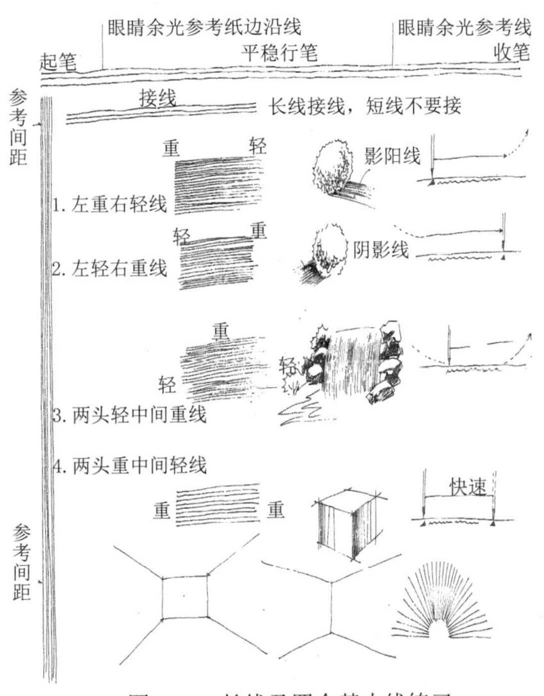

图4-22　长线及四个基本线练习

（三）线条练习

综合线条练习，如图4-23～图4-25所示。

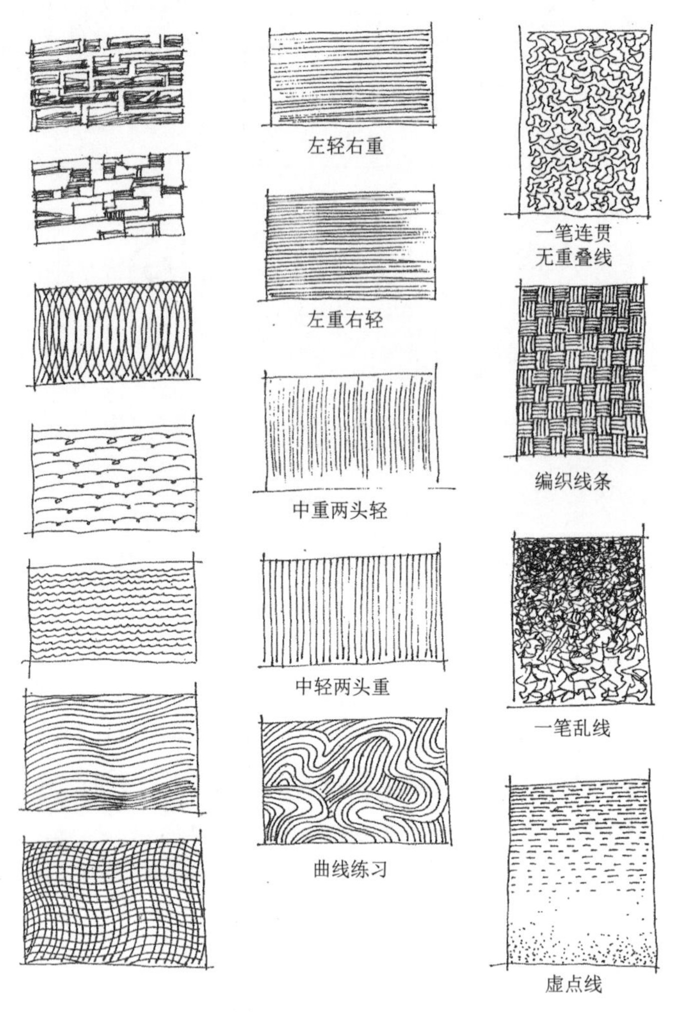

图4-23　基础线条练习

可运用不同的组合形式来表现不同的形体结构、材料质感、肌理和光影。线条组合要注意疏密和虚实关系。

图4-24　美工笔线条练习

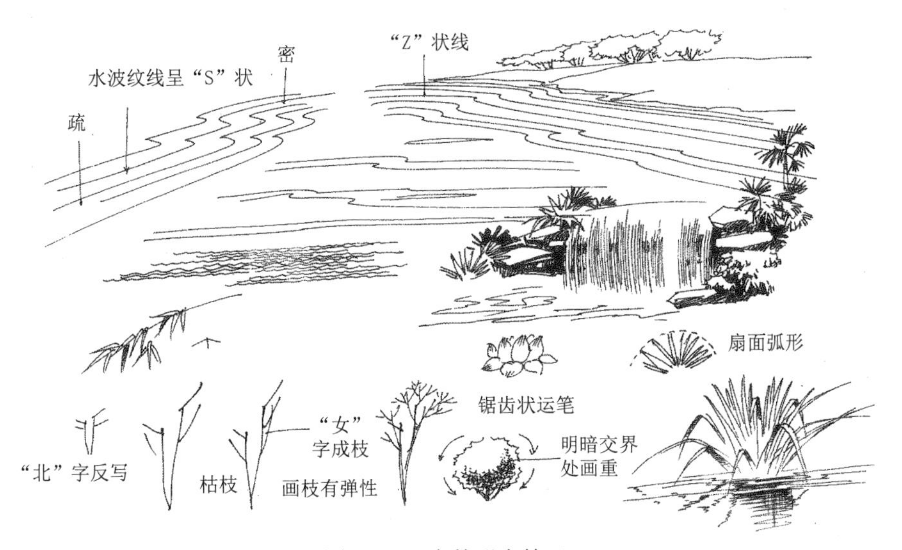

图4-25　自然形态练习

图4-26　植物形态线条练习

用不同线条组织来表现内容与整体效果。当选用不同形式的线条表现时，可用粗线描绘景物轮廓，其他结构线用中线或细线。材料表面的纹理等采用最细的线。

自然界树木的明暗关系非常丰富而复杂，但在手绘图中不宜表现过于复杂，要概括为之；手绘效果图纸草丛或花丛一般出现在近景处，来调整修饰画面，丰富层次，要刻画细致，用线条组织好叶、花之间相互穿插与层次关系；草地可通过刻划线段的长短、疏密变化营造空间远近层次和自然生动的效果，切莫单调呆板，如图4-26所示。

四、字体规范

手绘完成后，与手绘图相匹配的字，就是方体和扁方体了。扁方体就是由仿宋一方体一扁方体演变而来，使用的笔法是两头重中间轻，在此基础上，也可以结合隶书的用笔，如图4-27所示。

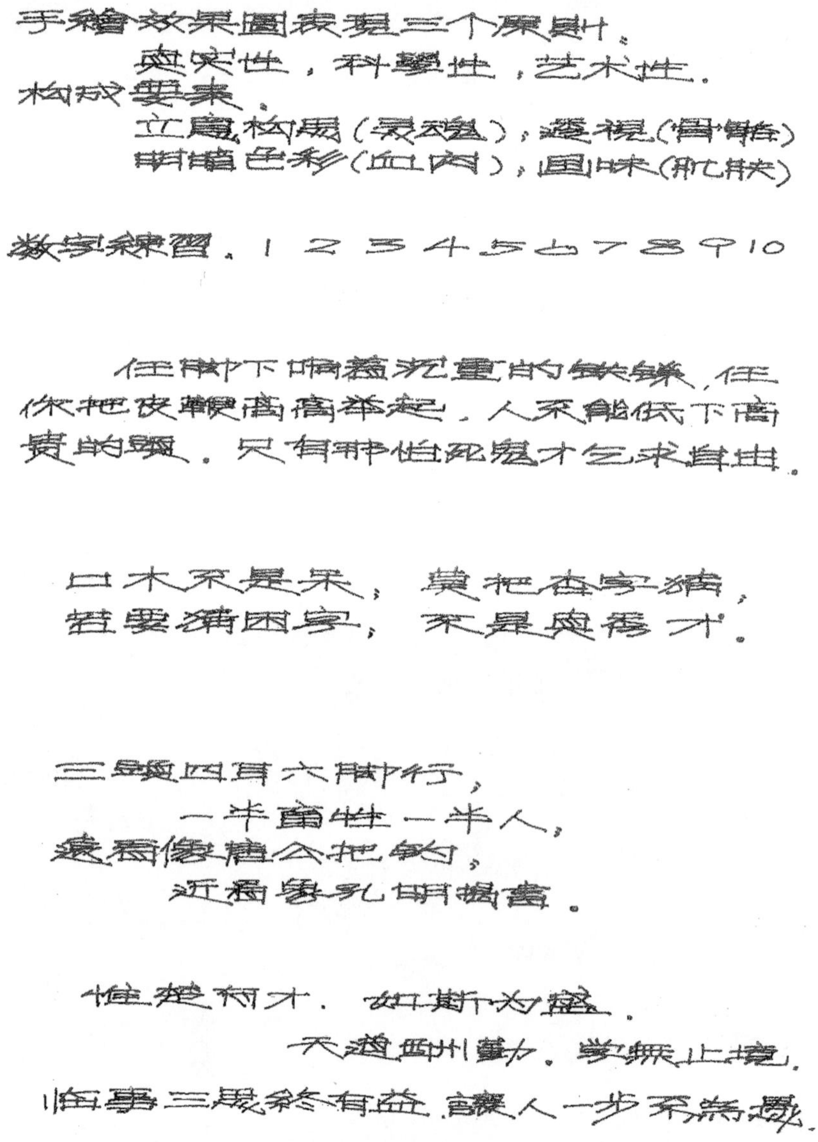

手繪效果圖表現三个原則：
真实性，科學性，艺术性。
构成要素：
立意构图（灵魂），透视（骨骼）
明暗色彩（血肉），韵味（肌肤）

數字練習：1 2 3 4 5 6 7 8 9 10

任脚下响着沉重的铁镣，任你把皮鞭高高举起，人不能低下高貴的頭。只有那怕死鬼才乞求自由。

白木不是呆；莫把杏字猜，
若要猜困字；不是真秀才。

三頭四耳六脚行，
一半畜牲一半人，
遠看像唐公把钓，
近看象孔明揭書。

惟楚有才，如斯为盛。
天道酬勤，学無止境。
临事三思終有益，讓人一步不為愚。

图4-27　扁方体字练习

五、单体练习

空间单体的训练是手绘效果图学习的必要步骤之一，它是对效果图线条及色彩进行明确训练的一种手段。虽然我们在进行线条训练时所遵循的都是同一个理论原则，但当我们将这种理论付诸实践时，所表现出的线条样式仍有不同。就像字体一样，我们已在不断的绘画练习中，不知不觉地形成了属于自己的线条风格。这里我们可以对一个对象进行不断重复的绘制练习，找出属于自己的线条风格。

（一）植物

植物的绘制对于初学者来说往往是一大难题。由于其自然的生长形态较为复杂，表现起来往往是乱糟糟的一团，想要改变这种混乱的画面现象，绘画时我们首先应注意要对枝叶形态进行归纳，做到成组绘制，有主次轻重之分，不要被繁茂的枝叶所迷惑，要尽量概括总结。如图4-28～图4-31所示。不同植物其形态、大小、色彩是不一样的，它们的表现必须与设计吻合。

图4-28　植栽线条图之一

（注：左、右两图分别是用针管笔与美工笔表现的两组植物，由于笔尖的形状不同，表现出来的线条效果也各有特点。无论用何种工具表现，绘画时都要注意根据植物的生长形态运笔，明确植物的明暗关系，使塑造植物的线条保持轻松随意中有一定的秩序。）

图4-29　植栽线条图之二

树有各种表现方式，可以是偏具象的，也可以是偏抽象的；有些是偏写实的，有些偏程式化的，这可根据园林景观工程风格等因素决定。

图4-30　植栽线条图之三

绿篱和灌木、修剪过的与自然生长的树木表现也不一样。画树应从主干始，下粗上细，整体比例要匀称协调，枝干沿主干呈垂直或交错出杈，出杈方向有向上、平伸、下挂、倒垂几种，通常枝干有二三根即可。树枝要前后上下错落有致，与树叶的穿插遮挡要真实自然。

图4-31　植栽线条图之四

植栽和小品硬景搭配时要注意它们之间亲密和谐、相互呼应的形态关系。

着色时注意控制对象的明暗关系，归纳区分出枝叶的受光与背光部分，笔触应概括、简练，注意色彩的过渡与层次感。如图4-32～图4-35所示。

图4-32　植栽着色图之一

自然生动的轮廓表现是画好树冠的关键，注意受光面处理。

图4-33　植栽着色图之二

不同种类的树有各自独特的树冠造型、色彩。模式化的表现，虽便捷但不应该单调、呆板。将图4-33和图4-29比较可以发现，同样的内容，线条图和色彩图所采用的技法及形成的效果是不一样的。线条图并不意味着只能作为色彩的线框，有些线条图也可以作为正式效果图。但在实际工作中，大多数工程还是采用色彩图表达效果。

图4-34　植栽着色图之三

树冠的表达模式可为：首先根据树冠的整体轮廓特征将其归纳为简单的几何形体或几何形体的组合；然后明确受光方向，这有助表现体积感。

图4-35　植栽着色图之四

不同种类的树的叶片具有不同的固有色，这固有色还因季节、天气状况、周围环境的影响不同而呈现差异。

（二）山石水体

描绘山石时，主要在于线条的组织与表现。依据所绘山石的体量形状，线条表现或稳重或刚毅或棱角分明或圆滑厚重。如图4-36和图4-37所示。

图4-36　山石线条图之一

可用概括的外形和简练的结构线条，表现出明暗和体积感。

图4-37　山石线条图之二

要根据画面需要对石头进行精心的组织搭配处置，体现生动自然的效果。

水景属于动景的表现，要表现出其动态之美。山石水景在效果图表现中是有机的统一体。无水之石不稳重、无石之水不灵动。因此，在绘制效果图时往往将山石和水景结合起来共同表现，如图4-38所示。

图4-38　山石与水景、植栽搭配表现

要注意三者之间相互影响、相互呼应的形态关系，要注意表现水面色彩和远近感及虚实变化，适当注意大水面的波纹及倒影的处理。

几种颜色的叠加、马克笔的舞动有时也可代替线条，产生特别的效果。着色时应注重表现色彩的明亮感及形体的层次变化，同时要注意受光面的留白，特别是要控制住水体受光面的着色量。如图4-39～图4-41所示。

图4-39　山石着色图之一

山石着色要注意整个画面的统一和谐。

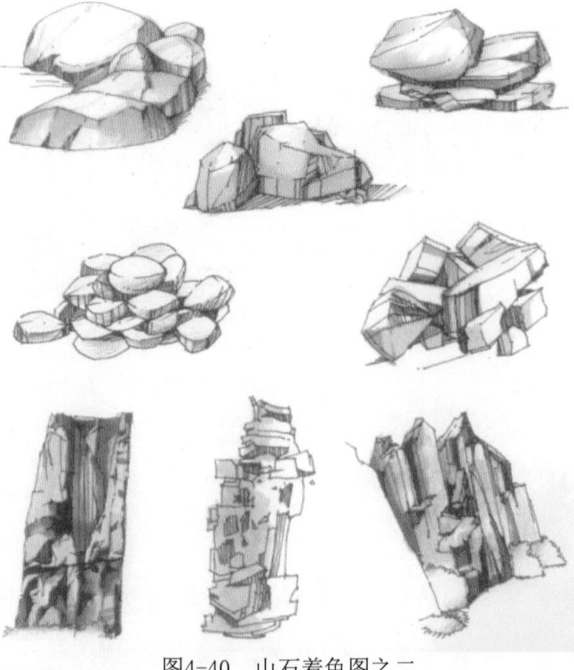

图4-40　山石着色图之二

自然界石块本身有各自不同的固有色和固有纹理，可根据画面表达需要刻画。

图4-41　山石水景植栽着色图

石块处于环境当中，周边景物及光线对其将产生影响。

（三）景观设施

景观设施是景观设计中不可或缺的元素之一，设施在整个景观当中有着明显的功能作用，一般由成品组成。设施小品不但可以作为画面中的衬景存在，还可以作为主要景观存在，因此，对于绘制线条的手法要根据其在画面中的作用不同做相应的处理，如图4-42所示。

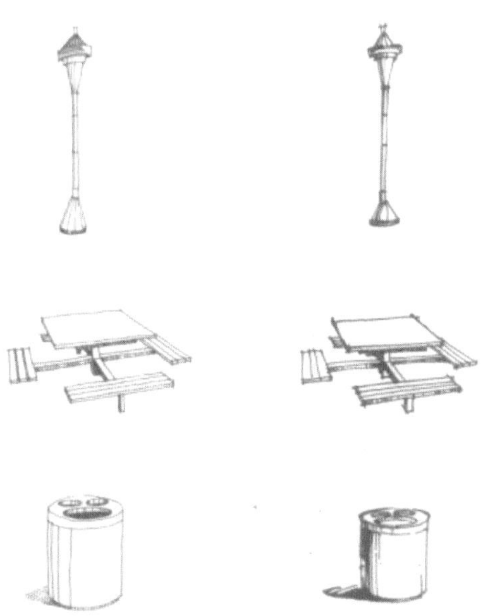

图4-42　左、右两图中为两个作者分别用钢笔与美工笔所绘的两组设施，临摹图稿时，可以灵活绘制

在绘制路灯时，首先，要注意路灯高度及宽度的比例关系、各构件间的连接关系，用线条区别表现路灯的主辅构件。其次，要注意纵向线条的连贯性，避免出现接线、断线。如图4-43所示。

图4-43　路灯线条图

由于椅子的横向张力较强，故应注意椅子横向线条的流畅性，线条切忌散乱。如图4-44和图4-45所示。

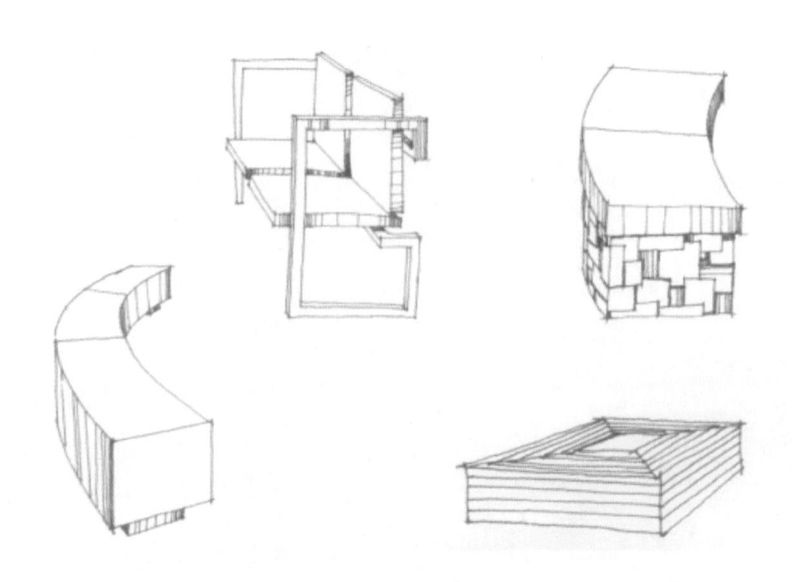

图4-44　椅、座凳线条图

图4-45　垃圾箱、指示牌、遮阳伞、小建筑线条图

景观设施着色时颜色不宜繁杂，做到笔触肯定利落、简洁明确，确定出明暗关系即可。如图4-46和图4-47所示。

图4-46　景观设施着色图

图4-47　景观设施及小建筑着色图

（四）人物

人物是丰富景观效果图画面、活跃整体气氛的重要元素。由于人体的尺度相对固定，因此，将人物作为一种对比物，能够使我们更加清楚画面中场景物体的尺度和比例关系。在刻画人物时，根据画面的需要和绘画风格的不同，通常把对人物的表达分为偏写实与偏写意两种，但以写意为多。

当整个画面各个部分刻画相对细致，绘画手法比较传统、严谨时，往往选用偏写实的手法丰富画面细节，起到画龙点睛的作用。但仍要注意不可喧宾夺主。在表现园林景观设计的效果图中，人物永远是作为衬景存在的。如图4-48和图4-49所示。

图4-48　人物线条图之一
（注：偏写实的手法，与细致的画面表现风格比较匹配。）

图4-49　人物线条图之二
（注：表现园林景观时人往往是配景元素，造型需进行概括、归纳处理，省略不必要的细节。）

当整个画面表现相对概念化时，对人物的表现往往选用写意的表现手法，例如，在设计草图的表现中，通常是把人物作为一种视觉符号来使用，可增加画面的趣味性，同时具有较强的艺术表现力。写意表现的线条应流畅自然、简洁利落，绘制时应关注人物的轮廓及动势。如图4-50和图4-51所示。

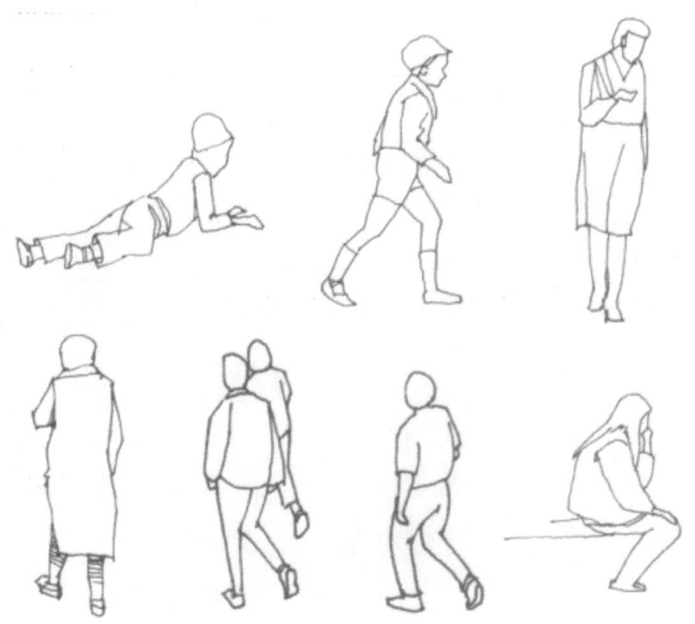

图4-50 人物线条图之三
偏写意的手法
（注：人物朝向和动势要呼应景观中心位置，以免分散画面凝聚力。）

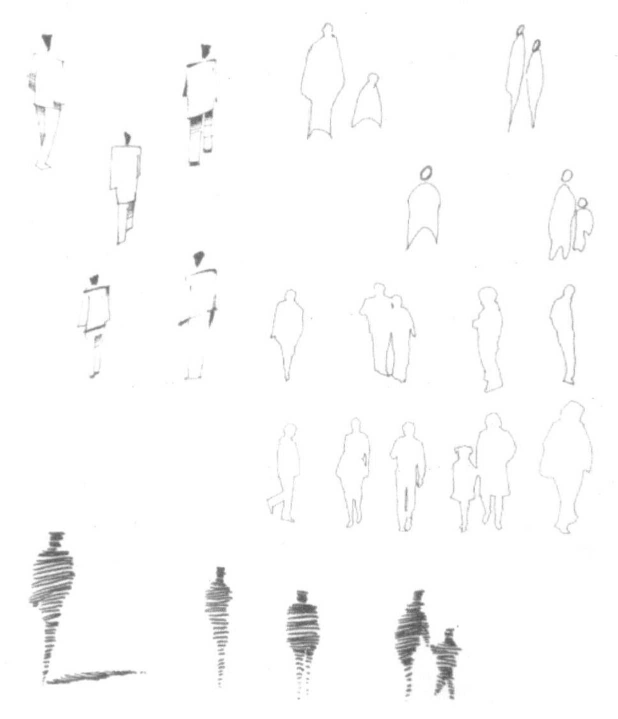

图4-51　人物线条图之四
（注：高度简略概括，并具有装饰性的手法。）

给人物着色时无需用过多颜色，一到两种即可。人物色只是作为一种画面的点缀色来处理。如图4-52和图4-53所示。

图4-52　人物着色图之一
（注：色不在多，意在充实，活跃图面。）

图4-53　人物着色图之二
（注：追求简洁神似）

六、写生练习

写生练习阶段逐渐把单位个体进行整合，由小组合到大景观的练习，可通过临摹和写生来完成综合线条的组合练习。同时，在写生中应学会取舍和构图，从自然景观中寻找线条。实现由临摹、写生到自己完全掌握线条组织的过渡。

构图与取舍

图4-54是某体育馆一角。通过户外写生，进行了弧形线练习。改图写生时，采用横式构图，视平线压得很低，更显建筑的恢宏。用几块简单的颜色，把冷暖关系提了一下，天空的云彩横斜着，显得画面更有动感。

(a)实景

(b)草图

(c)成图

图4-54　体育馆景观写生

由于天空处于画面的远景，通常不宜表现丰富的笔触和具象的云朵形状，以使天空更好地映衬前景，并表现场景深远的空间感。

如图4-55所示，乡村的老房子很入画，有种残缺的美。我们写生时，通过取景、构图，舍弃后面新建的楼房，集中刻画老屋，重点刻画视觉中心，同时注意留白。

(a)实景

(b)写生图

图4-55　乡村景观写生

运用线条排列，塑造景物形体，并营造画面的黑白层次、光影和空间关系。其表现的画面由于层次丰富、刻画细腻，而具有生动的场景效果。

如图4-56所示，沿江风光的小景观，我们写生时，将柳树有意舍去，把亭中的园林灯挪到右边一点，起到均衡画面的作用，色彩可以理性化一些，偏暖一些。

(a)实景

(b)写生图

图4-56　临水景观写生

写生时为了构图需要而进行取舍变动。而在设计时就要修改设计了。

图4-57是沿江风光带一景，风帆式张拉幕，造型别致。我们在写生时，重点刻画有张力的弧形线，舍掉后面的建筑。

(a)实景

(b)草图

(c)成图

图4-57　园林景观表现图与照片是不一样的。出于表达意图的需要可以忽略一些元素

冬季冰冻时期，正是写生的好机会。可以从黑白世界中浓缩线条，进行取舍，有助于观察能力的提高。很明显的黑、白、灰调，有助于线条组织。用暗部关系，留出树枝的白，更显冰冻时期的韵味，如图4-58所示。

(a)实景

(b)写生图

图4-58　景观效果图要注意自身的表现规律和技法流露

拉近视距，画面显得更集中、更有气势，旗杆也随之升高，显得对比强烈。在不断观察、比较中，更能提高构图能力。建筑物前面的几何造型，有意把色彩表现得更加强烈，体现出前后冷暖对比，如图4-59所示。

(a)实景

(b)草图

(c)写生图

图4-59　园林风景表现取景、构图、取舍十分重要，要使画面生动并准确表达设计意图

在绘制自然景观时，应学会分析层次关系。如有意把前面水生区的草留白，后面背景和水面画重，突出中心“出水芙蓉”雕塑，理性地把水面留有亮白水波纹，如图4-60所示。

(a)实景

(b)写生图

图4-60　园林风景表现图要调动绘画积极因素采用艺术手段达到表现意图

这是一个景观表现处理的示例。绘制时为了表达的需要，舍去火炬后面的建筑，旗帜升高，雕塑基座和幕墙虚化，突出雕塑的形态，如图4-61所示。

(a)实景

(b)草图

(c)成图

图4-61　这是园林风景表现处理的另一个例子。景物表现的处理多种多样，关键在于用得恰到好处

进行植物写生，要经常练习，为了单纯画面，也可以舍去一些因素如后面的建筑，如图4-62所示。这类小景随处可见，要有意识地去发现。

(a)实景

(b)草图

(c)写生图

图4-59　园林风景表现取景、构图、取舍十分重要，要使画面生动并准确表达设计意图

在绘制自然景观时，应学会分析层次关系。如有意把前面水生区的草留白，后面背景和水面画重，突出中心“出水芙蓉”雕塑，理性地把水面留有亮白水波纹，如图4-60所示。

(a)实景

(b)写生图

图4-60　园林风景表现图要调动绘画积极因素采用艺术手段达到表现意图

这是一个景观表现处理的示例。绘制时为了表达的需要，舍去火炬后面的建筑，旗帜升高，雕塑基座和幕墙虚化，突出雕塑的形态，如图4-61所示。

(a)实景

(b)草图

(c)成图

图4-61　这是园林风景表现处理的另一个例子。景物表现的处理多种多样，关键在于用得恰到好处

进行植物写生，要经常练习，为了单纯画面，也可以舍去一些因素如后面的建筑，如图4-62所示。这类小景随处可见，要有意识地去发现。

(a)实景

(b)草图

(c)成图

图4-62 舍去一些元素，反而表现更加完美

写生中，哪怕是灰蒙蒙的阴天，也可以加强一下色调，训练对色彩的观察能力、捕捉能力、运用能力，如4-63图所示。

(a)实景

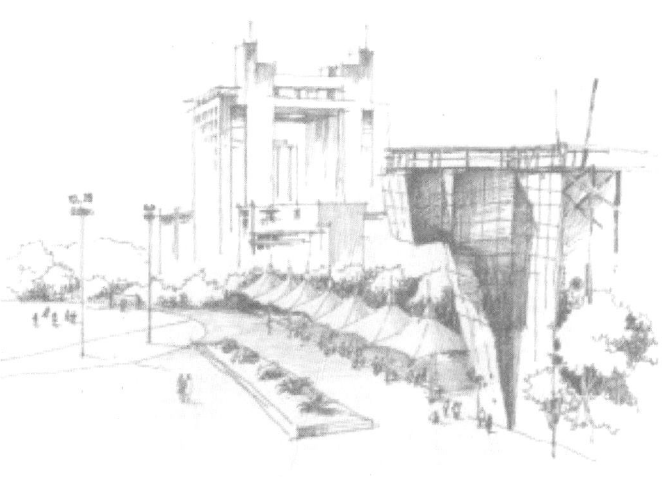

(b)草图

(c)成图

图4-66　在园林景观中，人物是非常活跃的元素，对表现图构图起很大的作用

图4-67是沿江风光带一景，有Z形花池及休闲坐椅与台阶，处理好Z形花池透视，找准关系，去繁就简，适当取舍得当。坐在地上的小孩，起到点缀、均衡画面的作用。

(a)实景

(b)成图

图4-67　对照成图与实景，显而易见写生时为了构图和意图表达的需要作了很微妙的处理

图4-68中，将有民族特色的房屋和水生区的植物融为一体，着重刻画了暗部关系。

(a)实景

(b)成图

图4-68　通过画面处理，与实景照片相比，尽管是同一视角，同样的景物，但画面表现更加灵动有生气，这是由于画面经过了画者的精心策划，调动了绘画的积极因素

第二节 实训

一、上色技巧

本教程主要介绍马克笔和水溶性彩色铅笔、色粉笔的上色技巧。马克笔有油性和水性之分：油性马克笔具有容易洇、色彩可预知、硬度适中及可重复叠色等特点，用时只要注意行笔速度，跟着物体结构走笔，就能很快掌握使用方法；水性马克笔硬、细，不可重叠，但色彩艳亮。水溶性彩色铅笔用笔力度不一样，效果也不一样，具有渐变效果明显、过渡得较自然的特点，不论是把握大的基调，还是刻画细部，都是不可或缺的好工具。这两种笔常常兼用，使得画面效果更为丰富。

（一）笔的运用

1. 马克笔的运用

用马克笔绘画，下笔要肯定、潇洒，不论是单色、多色都不要画太满，特别是着色忌填充太满，行笔要适中。

进行单色渐层及多色渐层的练习，实现由浅入深的变化，画出透明的效果（见图4-69）。

图4-69　马克笔的运用

2．水溶性彩色铅笔的运用

使用时，运笔排布要均匀、统一、渐变，注意用笔力度，由重到轻，由浓到淡的变化，还适当可用水涂抹，更具水彩魅力（见图4-70）。

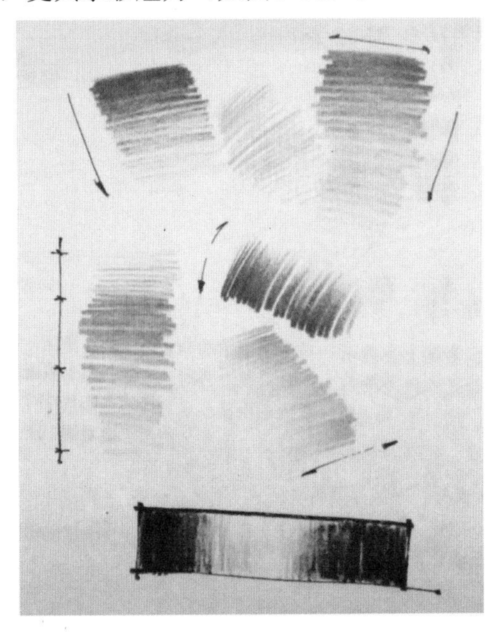

图4-70　水溶性彩色铅笔的运用

3．色粉笔的运用

色粉笔（多用进口色彩笔，产生不易掉粉的色彩）用笔方式基本与彩铅一致，但要灵活，要多用宽笔触。在手绘效果图中，常常做背景衬托，如天空的表现。在写生中，更具潇洒、概括的特点（见图4-71）。

图4-71　色粉笔的运用

4. 笔触根据结构走线（见图4-72）

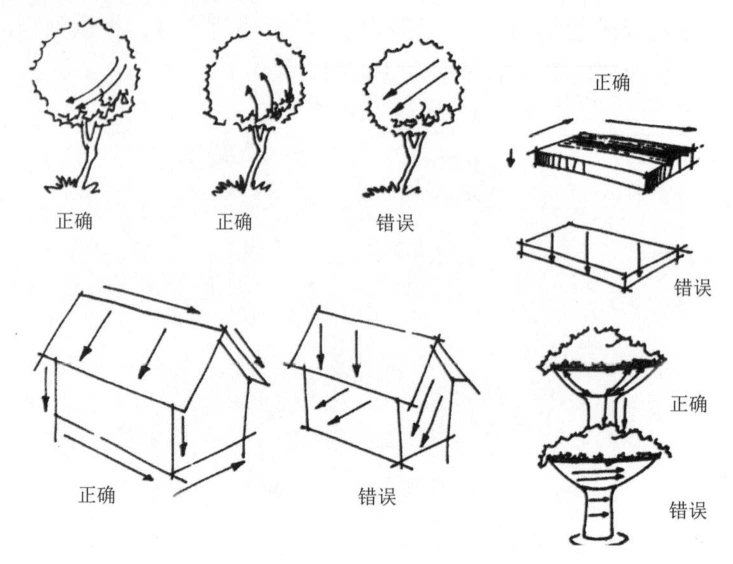

图4-72 运笔方向

（二）上色

1. 马克笔上色

使用马克笔上色时，要注意以下几点：

（1）受光面与背光面的冷暖关系，在固有色中处理冷暖色彩变化；

（2）运笔自然、随意，要留白；

（3）在过渡面上色时，有两到三种近似色（由浅到深）；

（4）笔触的排列，根据物体形状结构来体现，时快时慢，来调节明暗，如图4-73所示。

注意受光面与背光面的冷暖关系植物根据形态走笔，不能生硬

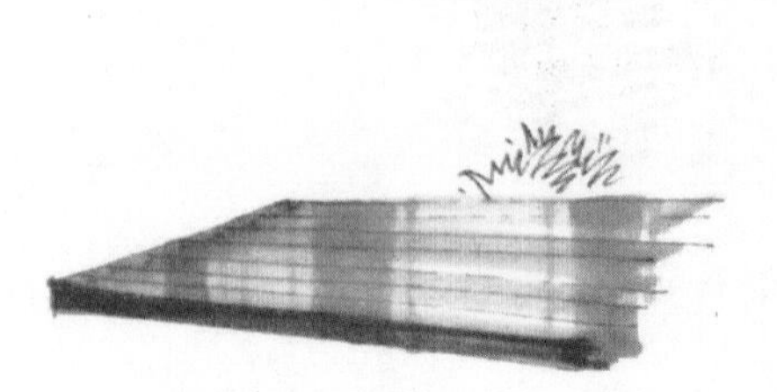

木质平台运笔方法

固有色中冷暖关系

图4-73 马克笔的上色

2. 彩色铅笔上色

水溶性彩色铅笔的运笔技法，强调跟随结构和形来走线，如图4-74所示。

图4-74 彩色铅笔的上色

3. 硫酸纸上色

当随意草图画完后，即可用硫酸纸正面上完墨稿，在反面画上色。注意不要把手（特别是汗渍）放压在画面上，以免影响勾线、破坏上色效果（见图4-75和图4-76）。

图4-75 硫酸纸拷贝法画墨线图稿子

图4-76　在硫酸纸墨线图稿的反面上色

二、组合练习

经过以上阶段的练习，应该开始有意识地做些景观表现练习，并大量做些平面透视练习，消化理解网格法的运用。从随意草图过渡到刻意草图（手绘效果图），多画些创意小稿。不拘泥于一种表现手法，只要能迅速记录设计的思维轨迹都可以。

（一）整体绘制景观图步骤

仔细研究所要表达的空间、尺寸及地形，从哪个视点观察、绘制更能体现设计意图，以及视平线高低变化等，这些都直接影响到视觉效果。

1．景观实例一

（1）在平面图上画上网格（见图4-77）。

（2）确定视点，画成角透视。视平线略高，更能展示该空间，把平面图的正投影在网格法中定好位（见图4-78）。

（3）用简单的轮廓线，画出物体的主体形态，时刻关注比例和透视关系，如图4-79所示。

（4）深入刻画细节，表现重要特征，进行植物配景，营造气氛，最好拷贝一张，去掉繁杂的辅助线，直到完成线稿，如图4-80所示。

（5）用水溶性彩色铅笔上色时，确定画面的主体空间色调，运用色彩的冷暖关系，先用冷色系列把暗部关系画出来。在上固有色时，由浅入深地渲染物体的立体效果，要留白，整体调整。注意植物与建筑物的环境关系包括色彩关系，加强近、中、远的空间层次，完成从整体到局部、由局部到整体的调整，如图4-81所示。

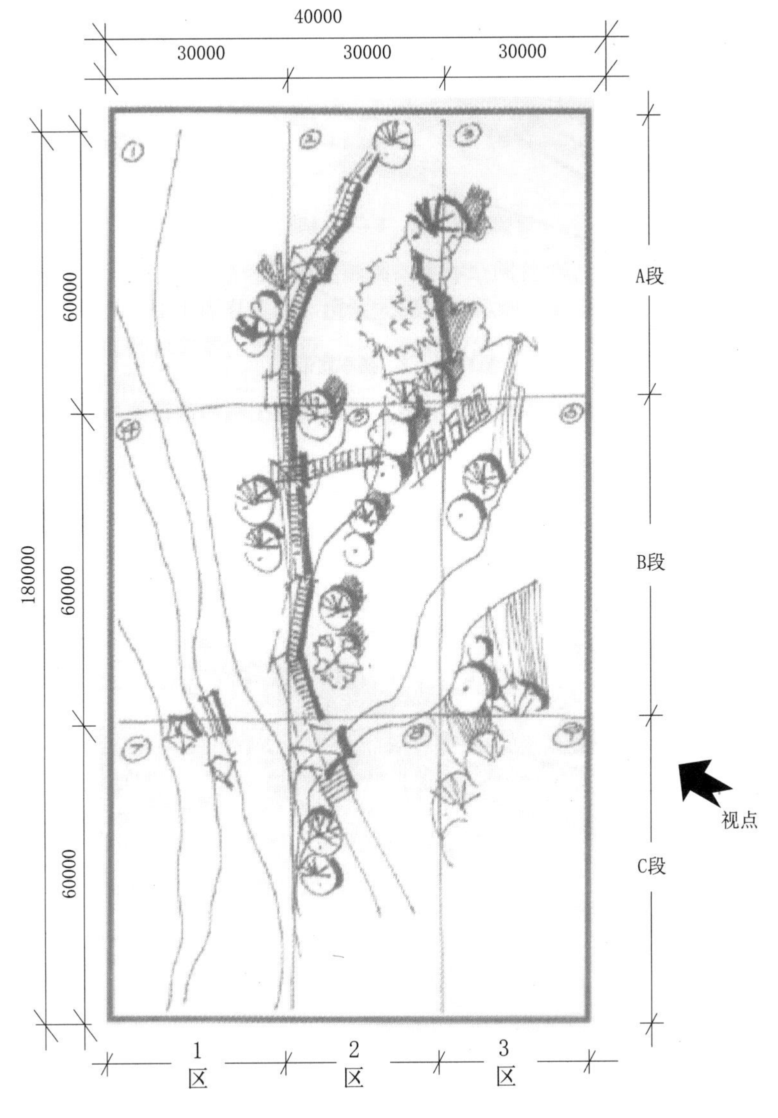

图4-77　平面图上的网格法

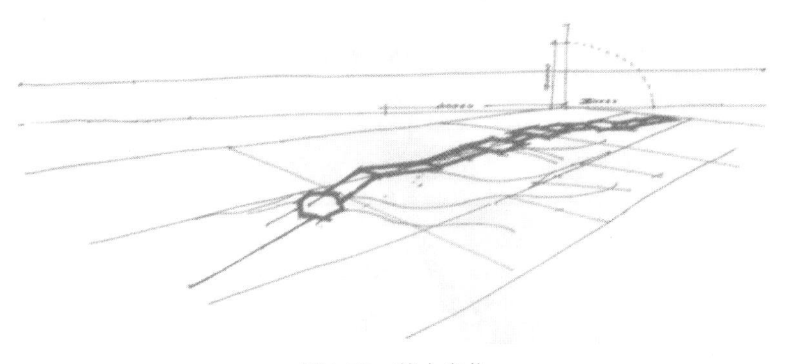

图4-78　基本定位

图4-79　物体的主体形态草图

图4-80　深入刻画细节

图4-81　完成效果图

2. 景观实例二

这是一组全过程绘制手绘稿，如图4-82所示，具体绘制步骤如下：

（1）先进行平面处理，在平面上用马克笔上色，用水溶性彩色铅笔点缀（见图4-83）。

图4-82　平面图

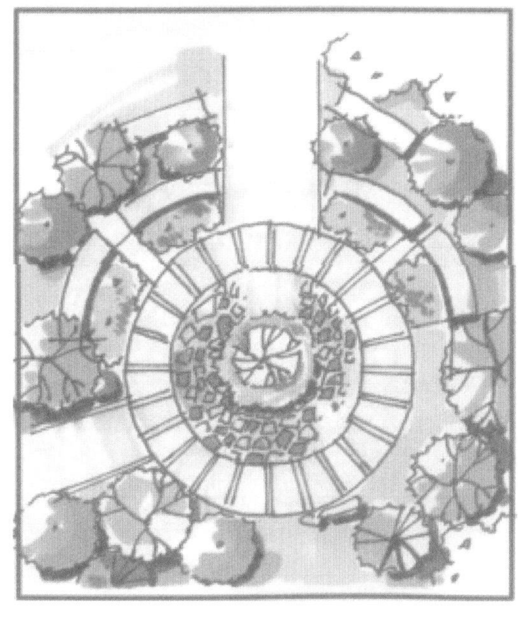

图4-83　马克笔上色

（2）在黑白平面图上，画等分网格法[用铅笔画，见图4-84（a）]。

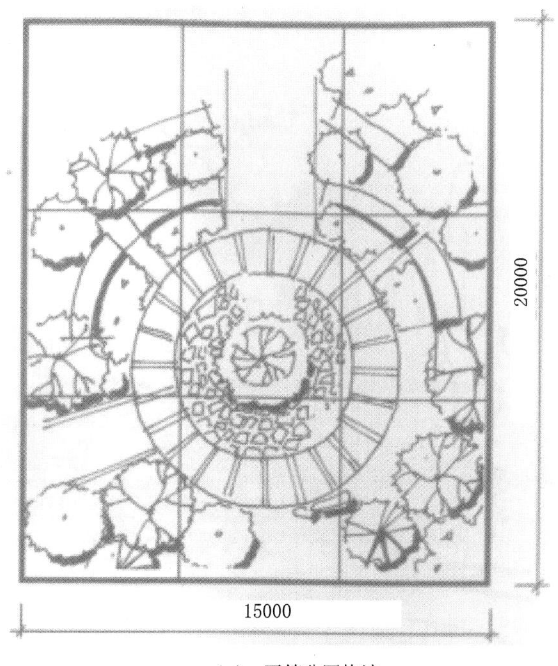

（a）　画等分网格法

（3）选择视点位置，视平线可压低，与基线*GL*之间保留2～3cm空间，把平面图的景观各物体位置，按正投影形态，画在网格内[见图4-84（b）]。

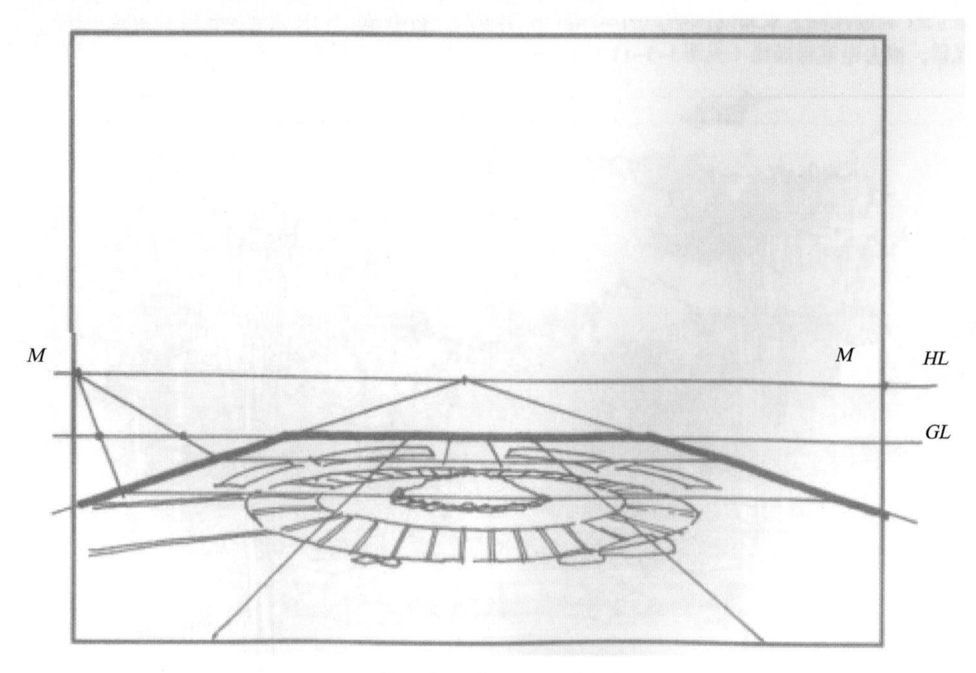

（b）找出正投影在网格法中的位置

图4-84

（4）按比例关系和透视关系，采用随意性草图手法，把各物象升高（见图4-85）。

图4-85　物象升高

（5）勾墨线稿，从近处入手，向纵深及两边画，不断细化。如果近处是草坪，植物可简化，完成后，擦去铅笔辅助线（见图4-86）。

图4-86　墨线稿（草图）

（6）水溶性彩铅着色，近暖远冷，近处的树，可不上色，天空要画得轻松、自然，天空上植物边缘线以上都留白即可（见图4-87）。

图4-87　着色

（7）用马克笔在反面上色，由浅入深着色。天空采用横斜线，不可生硬，用微抖线。前后植物增加冷暖色彩，留白恰到好处，增强艺术的感染力（见图4-88）。

图4-88　调整画面

第三节 作品赏析

如图4-89中，园林景观表现为了充分展示景物，如本例中的广场，对树木要进行详略、取舍处理，以免实际植栽的树木将广场在画面上遮挡掉。本例还注意利用人物的动态表达广场的功能。

图4-89　赏析图之一

图4-90是概念设计阶段广场效果图。与图4-89作比较发现，虽然表现的是同一广场，但在概念设计时只注意表达大的关系、战略构想，很多因素包括线条、色彩的表达都不太肯定，流露出灵动和思考推敲的痕迹。

图4-90　赏析图之二

图4-91采用高视点表现大场面，更显气势。以气球渲染喜庆的气氛，以人物、汽车等丰富、活跃画面并表现尺度感。将水池喷泉处于近处，更便于作深入刻画，表现重要设计内容。

图4-91　赏析图之三

如图4-92中，园林景观表现中，植栽往往是重点，硬景物其次。人、宠物、车辆等属配景。配景在画面中有多种功能，在有些图面中显得十分重要，不是可有可无了。人及宠物的表达充实、丰富了画面，他们的动态、神态活跃了画面，并使画面有真实感。近处的人及宠物表现得稍详细一点，远处的人则要概略处理。

图4-92　赏析图之四

图4-93是某园林工程概念设计阶段的效果图。由于景物布置具体原因，采用大面积的天空来构筑画面。由于天空处于远景，一般情况下，不宜采用丰富的笔触和过于具象地表达云朵形状，但也应该应当根据具体情况表现云彩，不使画面单调。天空通常采用较明亮的色调与前景形成对比。为表现深远的空间感，应注意色彩渐变关系。为表现空气感，接近地面的天空色彩要略微偏暖，饱和度降低。

图4-93　赏析图之五

阳光是园林景观表现中非常重要的内容，表现阳光需要注意观察和绘画积累。图4-94既表达了密林，又表达了林间道路，构图颇值得玩味。

图4-94　赏析图之六

图4-95是某一密林小径的概念构想。园林景观设计手绘效果图中，植物所占比重很大，扮演的角色非常重要，恰当的品种、形态和比例尺度可以营造舒适怡人的氛围，但处理关键在于植栽的概括和取舍，难在准确表达意境，画面要流露情感。

图4-95　赏析图之七

如图4-96所示，锥状树木的处理不但表达了树种多样、植栽丰富，而且变化丰富了画面；天空飞鸟的安排，不但表现了景观生态良好，而且丰富、活跃了图面。

图4-96　赏析图之八

图4-97是某一生态园林设计概念设想之一。在园林景观设计中，水景是重要的构成元素，也是设计手绘画面的重要表现内容，本例干脆大胆地将水面置于画面构图中心，水面与其他硬景物在表达上从形态和色彩等方面都形成对比关系，因硬景物采用了线条表现，而天空、植栽等则不出现线条显得简略而得当。

图4-97　赏析图之九

如图4-98所示，大场景的鸟瞰图更能表现全局的设计意图，但绘制时费时费力。鸟瞰图尤其要注意植栽的处理，园林景观中虽然植栽是主体，但主体不是全部，要注意表现植栽处理。其他景物该显的要充分显，该遮的要恰当遮。

图4-98　赏析图之十

如图4-99所示，树木与天空作虚化衔接过渡，右侧路面布置色块，中部曲路路面布置色块和流线型曲线，使画面生动，装饰性加强。

图4-99　赏析图之十一

如图4-100所示，园林环境中往往有山，对山的恰当表达，不但使一定的景观有独到的环境感、地域感，而且通过山给人以优美的景观联想，借助联想，在景观表现处理中很重要。

图4-100　赏析图之十二

如图4-101所示，园林景观应是自然的、生态的，很显然硬质景物不应是主角。这一园林景观设计的概念构思中，画面上大面积表达天空、水面，而且画面淡雅，给人清新、舒畅之感，烘托了环境质量的优越。表现天空时采用横式构图处理。图中水面很大，给人以辽阔之感。为了使水的表现不过于平淡，采用灵活的笔触表现水波纹的律动，与天空的处理形成对比，避免了画面单调呆板。植栽在园林景观中处于主角，但在表现时不是以密布式的大面积取胜，适当表现，采用意到笔不到的手法，以少胜多，恰到好处。观赏休闲楼阁占画面面积不大，但处于画面构图中心，而且色彩和其他部分构成鲜明的对比，丰富活跃了画面，在各方面表达它举足轻重的地位。

图4-101　赏析图之十三

如图4-102所示，园林景观表现图面布置要有疏有密，要有空间感和空气感，不要平均布置，不要拥塞产生压抑感，水、天的表达要详略得当，恰当表现云和水面的反光。

图4-102　赏析图之十四

如图4-103所示，彩色园林景观表现图用色关键在于巧妙与恰当，不是色越多越好，要惜色，要以无当有、以少胜多，但太少又易显单调，重要的是在于把握色的度。

图4-103 赏析图之十五

第四节 园林设计过程中不同阶段的手绘效果图

在园林设计过程中，通过手绘效果图有效地传达设计意图，手绘的过程也是对设计的思考和判断的过程，设计人员通过手绘过程中的思考而使设计不断深化。园林景观设计过程一般经历概念设计、方案设计、初步设计、初步设计深化等阶段，每个阶段都根据目的任务手绘效果图。当然不同阶段，设计进展情况不一样，目的任务随之不同，哪怕是同一场景，所需的绘制的效果图表现也是不一样的。

一、概念设计阶段的效果表现

在设计初始阶段，委托方迫切需要设计人员对工程进行全局性的把握，需要设计人员把创作思路和灵感用可视的图绘信息表达出来，设计师也要通过手绘图逐步推敲设计构思。这一阶段手绘图表达的主要内容是设计概念和构思方向，因此不必过多考究细节，只要概略性地勾画出较为抽象粗略的设计图，明确下一阶段的工作思路。绘制者通过简练、概括、主题明确的表达，使看图者能理解设计的主要原则、思路即可。甚至供设计者个人使用的手绘效果图，并不一定要求画面内容让其他人明白，只是记录设计过程中的思路和灵感片段，供自己推敲构思之用；而设计人员相互之间交流使用的手绘图能使相互之间看懂画面表达的内容即可；当然向委托方汇报和与之交流的手绘图应直观、准确地表明设计意图。通过汇报、交流，了解和把握委托方的意见和要求。这一阶段手绘图表达大体的设计内容和画面不必深入刻画，景观结构轮廓也不需要十分明确，追求简洁、概括的效果。画面笔触力求潇洒、帅气、稳健，体现设计者的自信、稳重、老练。这一阶段要求绘者要有较好的速写基本功，能控制画面的整体结构与空间关系，完整清晰地表达设计理念。

二、方案设计阶段的效果表现

在设计过程中，该阶段的工作内容、设计含量相对复杂，为了让委托方全面具体地了解实际内容和工作进度，必须通过清晰、形象的手绘图来表达相关设计信息和景观意境，让观者感受到设计的独特创意。此时手绘效果图表达内容应具体、翔实，要直观地反映设计现场情况，准确传达所设计景观的空间、尺度、结构、材料及色彩等方面的信息。如场景中主要视线角度的空间设计情况、重点景观构筑物的造型结构、主要界面所用材料的搭配效果、色彩的具体应用以及在场景中的对比与协调关系等，但画面中的主要景物结构（受力结构）和设计细节还是被虚化。这一阶段的手绘图效果追求景观场景的独特意境和魅力，以及工程实施的可信。但不能为追求效果采用过度夸张的造型和透视手法，不要增减整体设计中的主体景观项目，以免引起委托方质疑和误解。这一阶段的手绘效果图要做到透视准确、比例尺度真实、色彩与光影及质感准确生动、环境场景可信。

三、初步设计的效果表现

这一阶段主要工作为设计全面化、技术化、工程化。在概念设计阶段定了工程的总战略、总理念、总倾向、总格调、总风格、总意境；在方案设计阶段定了工程的主体效果，初步拟定了工程的技术、施工方面的战略构想，使工程初步落实在可行的基础上，但没有解决全部问题，在广度和深度方面都还有一定的局限性，这些都留待初步设计来解决。初步设计对工程全部组成部分的效果都进行了推敲确定；并解决在工程结构、工程构造、工程设备等方面的主要问题，初步选定主体材料；初步考虑工程施工方面将遇到的问题，包括工期、工艺、造价概算、生态处理方法、工程措施、植栽树种等具体事项，并将工程设计方面在施工图设计时所要用到的基础资料都收集整理为电脑CAD图为施工图设计打好基础。初步设计阶段的效果表现与将来工程建成后的实际更为接近。这时的效果表现图，有一部分是完全手绘的，还有相当一部分是计算机与手绘相结合的形式，以充分表现风景园林景观设计特色和提高绘图效率为前提，充分发挥电脑制图与手绘表现的优势。如主景物大场面的透视效果图主骨架线框图是电脑制作的而局部和细节的线框是手绘的，色彩是手工绘制的。如局部细节的平、立、剖面图、节点详图，线稿是电脑绘制的，而色彩是手工绘制的等等。

四、初步设计深化阶段的表现

本来初步设计完成就进入施工图设计阶段，但现在有些业主往往要求在方案设计完成后将设计向前推进得比初步设计深化一些。方案设计的深度广度国家是有统一规定的。至于初步设计深化（有时也称“细化”）到底到什么程度，现尚无统一说法，总之它比初步设计要深广，比施工图设计要浅窄，设计深浅宽窄度的把握往往由业主和设计方协商确定，一般效果表现也做得比初步设计更多、更深、更广。

参考文献

[1] 杨景芝.基础素描教学[M].北京：人民美术出版社，2004.

[2] 席跃良.素描与设计素描[M].北京：清华大学出版社，2005.

[3] [美]伯纳德·奇特.素描艺术[M].杭州：浙江美术学院出版社，1992.

[4] 刘春明.平面构成[M].成都：四川美术出版社，2006.

[5] [英]E.H.贡布里希.艺术与错觉·图画再现的心理学研究[M].南宁：广西美术出版社，2012.

[6] [英]理查德·豪厄尔斯.视觉文化[M].桂林：广西师范大学出版社，2007.

[7] 刘华.2008～2010刘华[M].杭州：浙江人民美术出版社，2011.

[8] 恩刚.绘画设计透视学[M].哈尔滨：黑龙江美术出版社，1998.

[9] 刘宇.室内外手绘效果图[M].沈阳：辽宁美术出版社，2008.

[10] 唐建.景观手绘速训[M].北京：中国水利水电出版社，2009.

[11] 吴纪伟，熊丹.色彩构成[M].北京：北京出版社，2010.